推倒思维那堵墙

原来我还可以这样生活

孙郡锴 / 编著

中国华侨出版社

图书在版编目（CIP）数据

推倒思维那堵墙：原来我还可以这样生活／孙郡锴编著．—北京：中国华侨出版社，2011.9
ISBN 978 - 7 - 5113 - 1655 - 4

Ⅰ.①推… Ⅱ.①孙… Ⅲ.①思维形式 - 通俗读物
Ⅳ.①B804 - 49

中国版本图书馆 CIP 数据核字（2011）第 157563 号

● **推倒思维那堵墙：原来我还可以这样生活**

编　　著	／孙郡锴
责任编辑	／梁　谋
经　　销	／新华书店
开　　本	／710×1000 毫米　1/16　印张 15　字数 220 千字
印　　数	／5001-10000
印　　刷	／北京一鑫印务有限责任公司
版　　次	／2013 年 5 月第 2 版　2018 年 3 月第 2 次印刷
书　　号	／ISBN 978 - 7 - 5113 - 1655 - 4
定　　价	／29.80 元

中国华侨出版社　北京市朝阳区静安里 26 号通成达大厦 3 层　邮编 100028
法律顾问：陈鹰律师事务所
编辑部：(010) 64443056　64443979
发行部：(010) 64443051　传真：64439708
网　址：www.oveaschin.com
e-mail：oveaschin@sina.com

前 言

在现如今的生活当中，我们周围有很多人都是非常认真、刻苦的，但是他们的成就平平。虽然他们工作非常勤奋，但是却没有取得多大的成绩，究其原因，关键是因为缺乏突破性的思维方式。

我们每个人的思维都会存在一定的盲区，都会无意识地限制自己以既定的方式思维。如果我们常在一个既定的范围内考虑问题、解决问题，那么方法往往就会带有局限性。而做事聪明的人，则会突破自己的思维瓶颈，跳出既定的范围，别出心裁，另辟蹊径，用一般人想不到的方法来解决问题。

本书向读者介绍了很多重要的思维方式，目的就在于帮助读者发掘出大脑中的资源，找到打开智慧大门的钥匙。

书中所提到的每一种思维方式都是一种新的思考问题和解决问题的方式。由于各种思维方式是相互交错、相互渗透的，这些思维方式的有机结合，可以为我们构建一个全方位的新视角，为各种问题的解决和思考广度与深度的延伸提供了行之有效的指导。

这些突破思维瓶颈的方法可以帮助读者解决生活中遇到的各种问

题，能够让大家从容面对遭遇到的各种困难，不管是在学习上、工作中，还是生活中。

其实，我们每个人都有突破思维瓶颈的能力，只是大多数人都将自己的这份潜在能力隐藏了起来，并且我们常常会忘记自己所拥有的这些潜能。

本书讲述了许多经典的、贴近生活的案例，并且在每一节中加入了有趣的思维训练题，从各个方面来启发读者思维，培养读者的创造能力和观察能力，让读者能够轻松地在思维游戏中发现自己的潜在能力，在思考中获得快乐。

目 录

第一章 精益求精
——努力提高办事本领的新思维

简单不代表容易 …………………………………………… 2
从小事做起方可成功 ……………………………………… 4
不仅小事多做，更要做好 ………………………………… 7
复杂问题简单化 …………………………………………… 10
打破思维限制，用最简单的方法来做事 ………………… 13
经验不是万能的 …………………………………………… 15
教你走出思维的定式 ……………………………………… 18
常规有时是一种陷阱 ……………………………………… 20
计算好做一件事的长度，专心去做 ……………………… 23
有自己做事的原则 ………………………………………… 25

第二章　从头再来
——突破逆境的新思维

相信没有什么不可能 …………………………… 30
发挥你看不见的巨大潜能 ……………………… 32
一切成功都来自于求胜的信心 ………………… 34
你在困难中看到机会了吗 ……………………… 37
判断形势，逆境也能成顺境 …………………… 40
坚持才是硬道理 ………………………………… 43
放弃，意味着你将失去机会 …………………… 45
不要让脆弱打败 ………………………………… 48

第三章　目光长远
——让人生长期发展的新思维

必须选择正确的目标 …………………………… 52
人生规划要及早设定 …………………………… 55
锁定目标，直到成功 …………………………… 57
完美计划，成就梦想 …………………………… 60
将热忱注入你的目标 …………………………… 62
选择一条适合自己的路 ………………………… 65
自己做主，不被他人左右 ……………………… 68
了解自己的性格优势 …………………………… 71
性格决定命运 …………………………………… 74

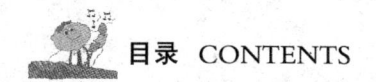

第四章　事半功倍
——用小努力换取大回报的新思维

勤奋就一定会成功吗 ·················· 78
让自己成为不可或缺的人 ·············· 80
80%的收益只需你20%的付出 ········· 83
发现自己的长处 ······················ 86
做自己擅长的事 ······················ 88
高明的合作会使你变得强大 ············ 91
根据每个人的长处充分授权 ············ 94
让学习成为一种习惯 ·················· 96

第五章　众人拾柴火焰高
——多交朋友少树敌人的新思维

朋友是人最无价的隐性资产 ············ 100
借别人的鸡，下自己的蛋 ·············· 102
用真心换来众人的实意 ················ 105
为你的未来积累人脉 ·················· 108
有缘千里来相会 ······················ 110
不要等到事到临头才抱佛脚 ············ 112
朋友多就是机会多 ···················· 115
送人玫瑰，手有余香 ·················· 118

第六章 脱颖而出
——更好进行工作的新思维

担起自己的责任,演好自己的角色……………………… 122
既然选择了这份工作,那就埋头干好……………………… 124
接受工作的全部,才能享受完整的快乐……………………… 127
态度就是竞争力……………………………………………… 130
激情是工作的灵魂…………………………………………… 133
点燃你工作的激情…………………………………………… 135
做进取者……………………………………………………… 138
比别人多做一点……………………………………………… 141

第七章 龟兔赛跑
——做时间主人的新思维

提高时间的利用效率………………………………………… 146
把时间花在你擅长的事情上………………………………… 148
从每天的计划开始…………………………………………… 151
工作中,请勿打扰…………………………………………… 153
自己的时间,自己的生活…………………………………… 156
最节省时间的方法:学习…………………………………… 159

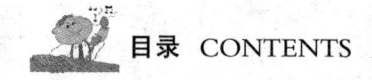

第八章　君子爱财，取之有道
——对待财富的新思维

创造力是人类不竭的财富 …………………………………… 164
不拿健康换金钱 …………………………………………… 166
从小钱赚起 ………………………………………………… 168
赚钱是为了活着，但活着绝不是为了赚钱 ………………… 171
财富面前有尊严 …………………………………………… 173

第九章　安身为乐
——让自己更幸福的新思维

学会忘记，拥有宽心和快乐 ………………………………… 178
时刻保持一份淡然的心境 …………………………………… 180
生活之道，拥有一颗平常心 ………………………………… 183
放平心态，善待生活 ………………………………………… 185
不要成天为了小事情而烦恼 ………………………………… 189
一时怒火，会毁掉你的全部生活 …………………………… 191
给自己一个心灵的滑翔伞 …………………………………… 194
得意时淡然一些 …………………………………………… 197

第十章 取舍皆宜
——生活中看清舍与得的新思维

世上本无事，庸人自扰之 …………………………………… 202
取舍之道乃是无价之宝 ……………………………………… 204
上进心，千万不能变了味 …………………………………… 206
诱惑面前，减少一些欲望 …………………………………… 209
拿得起，更要放得下 ………………………………………… 211
不必凡事都争个明白 ………………………………………… 213
不做钻牛角尖的傻事 ………………………………………… 216
与人攀比，让自己更加烦恼 ………………………………… 219
装装"糊涂" …………………………………………………… 221
放弃执著，便赢得自在 ……………………………………… 224
有的时候，我们应该往下看 ………………………………… 227

第一章　精益求精
——努力提高办事本领的新思维

简单不代表容易

记得在金庸的文章当中读过这样一则有趣的故事。金庸说，他经常出一些有趣的题目给自己的朋友，结果朋友们思考同一问题往往总会有不同的答案和结果。

例如有这样一道题，说是有三条虫，排成一列行走。第一条虫说："我的后面有两条虫。"第二条虫说："我的前面有一条虫，后面有一条虫。"第三条虫却说："我的前面没有虫，后面也没有虫。"问题是第三条虫为什么会这样说？

结果，小学生只用了不到十分钟的时间就答对了，而中学生却需要用两天的时间才能够答对，换成大学生则用了一个星期的时间才答对，而大学教授花的时间就更长，用了一年时间也答不对，而哲学教授、数学教授和物理学教授永远都答不对。

其实答案很简单，就是第三条虫子说谎了。

可是，我们有没有想过，为什么越是简单的问题，却越让那些知识和阅历丰富的人答不出来呢，甚至都找不到答题的思路？

其实，在大多数情况下，**我们想做一个简单而又单纯的人并不容易**。许多问题、许多事情，原本就是很简单的，聪明的人一看就能明白，但是唯独那些小孩子没有那么多的心眼，没有那么多的私心杂念，往往能够把自己的真实想法表达出来，因为孩子们不但单纯，而且想问题是简单的。

但是，随着孩子们年龄的增长，学识、阅历的不断丰富，他们对待事物的看法也就变得更加全面。当然，这也有可能会走向另一个极端，

第一章　精益求精
——努力提高办事本领的新思维

那就是把简单的问题复杂化，变得最后即使自己能够一眼就把事情看明白，但是却不愿更直接地说出来。因为这个时候的人们所看重的已经不再是事件本身的真相，而是人们对待自己的看法，特别是对待自己的身份、地位等的看法。

记得曾经发生过这样一件事，在一次成人考试中，出了一道类似于一加一等于几的题目，结果很多人都不敢轻易写出这道题的答案，大家最后都放弃了。

因为在他们看来，这道题目是小学一年级学生都会答对的题目。而既然能够把这样一道题目放在成人考试卷中，那么答案肯定不会是这么简单的，肯定其中还有着某种特殊的答案。

其实，他们把最简单的问题想复杂了。所以才会出现放弃答题，以及第一个例子中的小学生比中学生答得好，中学生又比大学生答得好的这种不正常现象。因此，从某种意义上说，**简单并不容易**。

当然，如果我们做人能够简单一点，就不会因为太多的欲望而寝食难安，不会为很多的想法不能够实现而痛苦不堪，自然而然也就不会有太多的烦恼，就会快乐而自在地生活。

如果我们做事情能够简单一点，那么就能够将更多的精力和心思放在眼前与当下的事情上，也就不需要把精力浪费在投机取巧上。

当我们与别人相处简单一点，就能够做到一视同仁，真心对待他人，不会出现厚此薄彼的现象。

虽然，**人性无常又无奈**，我们每个人身上都有弱点和缺点，即使我们对待共同目睹或经历的同一件事，不同的人也会有着不同的看法和视角，但是**我们每一个人应该尽可能让自己做一个简单的人、快乐的人、充实的人**。如果做到这一点，不管是对自己，还是对待别人都是非常有好处的。

思维小练习

小狗在哪里？

很早以前有一个人养了一条小狗丢了，他开始四处寻找。这一天，他来到了山上，发现有三个小屋，分别为1号、2号、3号。每个小屋里面分别走出来一个女子，1号屋的女子说："小狗不在此屋里。"2号屋的女子说："小狗在1号屋内。"3号屋的女子说："小狗不在此屋里。"这三位女子，其中只有一个人说了真话，那么，谁说了真话？小狗到底在哪个屋里面？

答：1号屋的女子说的是真话，小狗在3号屋子内。假设小狗在1号屋内，那么2号屋和3号屋的女子说的都是真话，因此不在1号屋内；假设小狗在2号屋内，那么1号屋和3号屋的女子说的都是真话，因此不在2号屋内；假设小狗在3号屋内，那么只有1号屋的女子说的是真话，所以，小狗在3号屋内。

从小事做起方可成功

成功的人认为**细节决定成败**，而失败的人常常认为"差不多"就可以了。每一个成功的人总是喜欢看重细节，因为他们知道，细节能够反映出一个人的修养，能够反映出一个人的品位，所以说细节往往决定成败。

可是，我们却常常听见失败者在找借口，失败的人认为自己高瞻远瞩，抓大放小，总认为任何事情只要"差不多"就可以了，结果就是这样的态度，往往在小事上为自己的失败埋下了伏笔。

第一章 精益求精
——努力提高办事本领的新思维

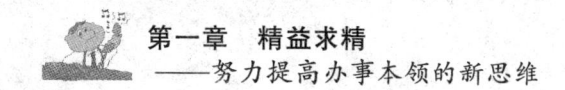

成功的人总是特别看重细节对自己的磨炼，实际生活和工作中，一些再熟悉不过的环节也会常常出现错误，再了然于心的环境可能也会发生变化，我们也只有做到时刻注意细节，才能够让自己的大脑时刻保持清醒，能够做到随机应变。

但是对于失败的人来说，他们只要取得一点成就，就认为自己有了休息的资本，不再去关注细节问题，更不会为了一些小事再操心，结果往往让自己变得不思进取，慢慢退化，到最后只有被淘汰。

俗话说："做好一件小事不难，难的是坚持做好。"水滴石能穿，铁杵磨成针，这些生活中不为人所注意的细节，不正是我们每一个人取得成功的前奏吗？那些失败者总是对于小事不屑一顾，对细节根本不在乎，殊不知，他们没有成功并不是因为自己没有能力，而是因为自己没有做好每一件小事的毅力。

我们都知道千里之堤溃于蚁穴的道理，其实，细节决定成败的道理也是人人都懂的，但并不是人人都能够充分注意到细节。因为细节真的是太小了，很多人都认为它们是不值得注意和用心的。

在参加招聘会的当天早上，小王不小心碰翻了水杯，将放在桌上的简历浸湿了。可是为了能够尽快赶到会场，小王只是简单地把简历晾了一下，觉得看起来还可以，便将简历和其他东西匆匆塞进背包，就上路了。

在招聘现场，小王看中了深圳一家公司的广告策划主管职位，于是就挤上去与主考官交谈。当招聘人员问完了小王3个问题之后，便向他要简历。结果当小王掏出自己的简历才发现上面不仅仅有一大片水渍，而且还由于简历在背包里揉搓，已经不成样子了。小王很努力地将它弄平整，递了过去。可是当招聘人员看到这份简历，就皱起了眉头。

就在3天之后，小王又参加了面试，不管是进行现场操作，还是为虚拟产品做口头推介，小王都完成得不错。

就在他即将结束面试的时候，一位负责小姐对他说："你是今天面试者中最出色的。"

小王听完之后自然非常高兴，可是面试过去一周了，小王依然没得到上班的消息。这个时候他着急了，忍不住打电话询问。结果对方沉默了一会儿告诉他："其实招聘负责人对你是很满意的，可是你输就输在了简历上。我们老板说，'一个连简历都保管不好的人，是管理不好一个部门的'。"

我们看小王的失败好像很偶然，小王那份糟糕的简历就等于从侧面反映出他平时的习惯：不注意细节，对待事情不够认真。

你千万不要认为一个小细节别人是不会注意的，其实，**正是通过一个又一个的细节，才能够反映出一个人的整体素质**。

生活和工作中的点点滴滴都有需要我们关注的细节。一个细节所透露出来的信息，不仅能够让别人相信你，也能够让别人否定你。

可是对于那些聪明的人，他们一定会尽量避免犯小王这样的错误，因为细节上的失败会让自己错失良机。所以，我们每一个人都应该成为聪明人，将自己的成功建立在"注重细节"这一坚实的基础之上。

思维小练习

谁偷了牛奶

有一天，4只小老鼠约好了一起出去找食物吃，后来它们都找到了吃的，回来的时候鼠王问它们都偷了什么食物。老鼠甲说："我们每个人都偷了糖。"老鼠乙说："我只偷了一颗话梅。"老鼠丙说："我没偷糖。"老鼠丁说："有些老鼠没偷糖。"鼠王仔细观察了一下，发现它们当中只有一只老鼠说了实话。那么下面的评论正确的是：

第一章 精益求精
——努力提高办事本领的新思维

a. 所有老鼠都偷了糖；
b. 所有的老鼠都没有偷糖；
c. 有些老鼠没偷糖；
d. 老鼠乙偷了一颗话梅。

答：假设老鼠甲说的是真话，那么其他 3 只老鼠说的都是假话，这只符合仅一只老鼠说实话的前提；假设老鼠乙说的是真话，那么老鼠甲说的就是假话，因为它们都偷食物了；假设老鼠丙或丁说的是实话，这两种假设只能推出老鼠甲说了假话，与前提不符。所以 a 选项正确，所有的老鼠都偷了糖。

不仅小事多做，更要做好

在实际生活和工作中，不管是解决问题、处理问题，还是管理企业、发展事业，其实都没有什么秘诀。**看上去繁重的工作，其实都是由一些琐碎的、繁杂的、细小事务的重复和累积**。如果能够把这些小事做好了，也许不一定会见到多大的成就；但是一旦做不好，那么就有可能连累其他人的工作，甚至有可能会因为这件小事把弄垮一件大事。

特别是对于一些大型企业来说，企业的价值链往往非常完善，而做好这些细小的事情，需要的不仅是灵感和创意，更重要的是一种兢兢业业、有条不紊的态度，能够把众多被细分的小事情做好。**我们每个人不再有一人兼顾几个方面工作的机会，可能更多的是要持续而反复地做一些更加细化的工作。**

而这样的企业往往是用组织、制度或者文化来实现这一目标的，通过一套组织、程序来约束员工们的越轨行为，或者用文化的内在魅力来改变员工们最初的行动观念。这样一来，在大多数情况下，员工们实现绩效的方式就可以看成是一种紧盯目标下的简单重复的过程。

曾经有一位朋友在一家制丝厂工作，我们大家都知道，制丝是一种流水线的工作，如果某一个环节出现了问题就会影响到整个工艺。

可以说是一个岗位一个人，一个萝卜一个坑，工人们每天面对的都是那些相同的工作，既单调又枯燥，既平凡而又简单，但是有一句话却对这位朋友的触动很大，那就是："把平凡的事一千遍、一万遍地做好就是不平凡。"

不管是什么事情，哪怕是再小、再不起眼的事情，哪怕是那些最简单的、最不需要技巧与能力的事情，我们也应该持之以恒、日复一日地把这些事情做好。这就好像是随手关灯，当办公室的灯管不亮的时候应该马上换好；开会时把手机调成震动；在去约见客户的时候，能够提前几分钟到达等，如果你每天都能够坚持把这些小事做好，那么你在别人的眼中就是一个非常了不起的人。

那么什么叫不简单，什么叫不容易呢？其实不简单，就是把简单的事情千百遍做好；什么叫不容易，就是把大家都认为非常容易的事情也以认真的态度做好。

其实，不管是对于公司，还是我们个人而言，最重要的就是能够将重复的、简单的日常工作做到精细、做到专业，而且还能够恒久地坚持下去，做到位、做扎实。

那么什么叫恒久地做到位、做扎实呢？

当我们在评价一个人能力的强和弱的时候，不能仅仅以是否能一次举起200斤的杠铃来进行衡量，因为如果下定决心，是有很多人可以做到的。但是，最为重要的是能够将一件简单的事坚持不懈、始终如一地做好。

例如，让你拿一根绣花针，可能这件小事谁都可以办到，但是如果

第一章　精益求精
——努力提高办事本领的新思维

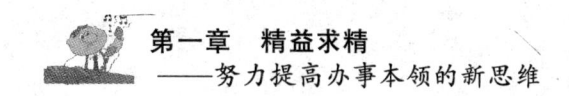

让你以同样一个姿势拿着，走上几公里或者是保持几个小时，那么你觉得自己还能够做到吗？

凡是聪明的人，总是会想方设法完成任务，他们不达目的誓不罢休，同时他们也会为了一个简单而坚定的想法，不断进行着尝试，直至最后获得成功。

而那些成天把意志、信念挂在嘴边的人，大多数都是纸上谈兵，他们根本不敢面对残酷的现实，当他们遇到逆境的时候，就会退缩，会因谨小慎微而游移不定。

毫无疑问，这样的人是永远都不可能获得成功的，因为他们连成功所需要的最基本的健康心态都不具备。

成功，就是重复地做小事情。美国通用电气公司前总裁杰克·韦尔奇对如何成功作出了最好的回答："一旦你产生了一个简单而坚定的想法，只要你不停地重复它，终会使之变成现实。"可见，要想获得成功真的不难，只要重复简单的事情，养成良好的习惯。

思维小练习

村里有几条疯狗

在一个村子里面，一共有 50 户人家，每家都养了一条狗。可是，最近这段时间，发现村子里面多了很多条疯狗，于是村里规定，谁要是发现自己的狗是疯狗，就必须将自己的狗枪毙。

可是关键的问题是，村子里面的人只能看出别人家的狗是不是疯狗。但是看不出自己的狗是不是疯的，如果你看出了别人家的狗是疯狗，也不能告诉别人。于是大家开始观察，第一天晚上，没有动静；第二天晚上，也没有动静；第三天晚上，出现了几声枪响，问村子里有几条疯狗？（只有晚上才能看出疯狗，而且一天晚上只能看一次。）

答案：3条！

A. 假设有1条疯狗，疯狗的主人会看到其他狗都没有疯，那么就知道自己的狗疯了，所以第一天晚上就会有枪响。因为没有枪响，说明疯狗数大于1。

B. 假设有2条疯狗，疯狗的主人会看到有1条疯狗，因为第一天没有听到枪响，于是疯狗数大于1，所以疯狗的主人会知道自己的狗是疯狗，因而第二天会有枪响。既然第二天也没有枪响，说明疯狗数大于2。

由此推理，如果第三天枪响，则有3条疯狗。

复杂问题简单化

美国著名企业家詹姆斯在总结自己成功经验时说道："你可以超越任何障碍。如果它太高，你可以从底下穿过；如果它很矮，你可以从上面跨过去。"

换句话说，在这个世界上根本不存在所谓的困难，唯一存在的就是暂时没有找到解决问题的办法。可能有时，当我们换一个思路来思考问题，就能轻而易举地找到解决问题的办法。

一家建筑公司的总经理有一天收到了一份要求购买两只小白鼠的发票，总经理感到大惑不解，于是就把购买这两只小白鼠的员工叫了过来，问他为什么要购买它们。

这位员工回答说："上周咱们公司去一个小区修理房子，当时需要安装新的电线，可是我们却要把电线穿过一根10米多长，直径还不到2厘米的管道，更让我们头疼的是这根管子还被砌在了墙里面，拐了4

第一章 精益求精
——努力提高办事本领的新思维

个弯,我们当时谁都没有办法把电线穿过去,最后我就想到了一个主意。"

"我到一个宠物店买了两只小白鼠,一公一母,然后我把电线的一头系在公白鼠的尾巴上,而让母白鼠在管道的另一头'吱吱'地叫,结果这只公白鼠听到母白鼠的叫声,就顺着管道爬过去,而电线自然也就穿过去了。"

这位员工是非常聪明的,因为他是用自己的智慧解决了所遇到的难题。可见,工作中没有解决不了的问题,而需要的就是我们的头脑中加入一些变通的思想,这样我们就能得到一个意想不到的结果。

有的时候,一个好的思路,就好像是人生战场上的一把利剑。但是,我们能不能在人生的战场上获得胜利,关键还是在于我们如何挥舞这把利剑。只要你能够把这把利剑使用好了,那么你的人生自然就会飞黄腾达。

俗话说:"三分苦干,七分巧干。"这其实就是告诉我们,在做事情的时候一定要重视寻找解决问题的办法和思路,要用灵活的方法来解决问题,千万不能一味地蛮干。

美国最早、最大的汽车制造商福特汽车公司在1956年推出了一款新车,这款新车无论是从造型还是性能上来说都是不错的,而且价格也非常合理,但是令人奇怪的是,这款新车上市之后卖得并不好。

福特公司的高层们为此可谓伤透了脑筋。而就在这个时候,有一位刚刚参加工作不久的新员工想出了一个主意,建议公司刊登广告,内容是:"花56美元买一辆56型的福特。"

这句广告词背后的意思是:谁想买一辆1956年生产的福特汽车,只需要先支付80%的货款,而剩下的部分每个月只需要支付56美元。

结果就是"花56美元买一辆56型的福特"的做法,一下子打消了

11

很多人对于这款车价格的担心。

广告刊登还不到一个月的时间，奇迹就出现了。在此后的短短3个月时间里，这款汽车一下子就变成了福特汽车公司销售量最多的车型。

而这位提出创意的年轻员工也因此受到了公司高层的赏识，被调到了华盛顿的公司总部，后来他通过自己的努力成为福特汽车公司的总裁。

正是这么一个小小的改变，就解决了福特公司的大问题。可见，一名优秀的员工一定是具有创新思维的人。

总而言之，变通是企业制胜的法宝，更是我们每一个人获得发展、取得成功的不二法门，更是把复杂问题简单化的捷径。

思维小练习

猜猜他们是做什么的

小王、小张、小赵3人当中有一个人是做生意的，一个人考上了大学，一个人报名参军。而且，小赵的年龄比当兵的大；大学生的年龄比小张的小；小王的年龄和大学生的年龄不一样。这3个人中谁是大学生？

答案： 小张是商人，小赵是大学生，小王是士兵。因为如果小赵是士兵，那么就与题目中"小赵的年龄比士兵的大"矛盾了，所以，小赵不是士兵；如果小张是大学生，那么就与"大学生的年龄比小张小"矛盾了，所以，小张不是大学生；如果小王是大学生，那么就与"小王的年龄和大学生的年龄不一样"这一条件矛盾了，所以，小王也不是大学生。

第一章 精益求精
——努力提高办事本领的新思维

打破思维限制，用最简单的方法来做事

在杞国有这样一个人，他天天都在担心天会掉下来，地会陷下去，因为那样自己就没有安身之处了。担心过度的他整天吃不好，睡不好，甚至最后因此而生病了。

当时有一个人看见他烦恼成这个样子，于是就好心地向他解释道："天是由气聚集而成的，这种气就在我们的身边，我们的一伸一曲、一呼一吸都会接触到气体，我们整天在气体中活动，你说气体怎么会塌下来呢？"杞人听了之后半信半疑地问："天如果真的是由气聚集而成的，那么天空的太阳、月亮和星星会不会掉下来呢？"结果这个人又解释说："太阳、月亮和星星也都是由气体聚集而成的，只是它们有光亮罢了，就算是掉下来，也不会伤害人的。"

杞人听完之后还是非常担心，结果这个人又说："地不过是由土块聚集而成，任何地方都有土地，我们每天也都是在地上进行活动和生活，你说地怎么会陷下去呢？"杞国人这个时候才明白到底是怎么回事，没过多长时间心情就好了，自己的病也好了。

其实，在现实生活中，"杞人忧天"的故事并不少见，我们很多人会庸人自扰，把一个简单的问题想成了千奇百怪的答案，进而让自己浪费了很多的时间，做了很多无用功。

曾经有一位人事部门的经理，他代表公司去招聘一批大学毕业生。面试时他出了一道算术题：10减1等于几？

前来应聘的大学生给出了各种各样的答案，有的大学生在冥思苦想之后故作神秘地说："你想让它等于几，它就等于几。"还有的大学生自

作聪明地说："10减1等于9，那是消费；10减1等于12，那是经营。"

最后只有一个应聘的大学生老老实实地回答等于9，可是他在回答的时候还是有点犹犹豫豫。当人事经理问他为什么的时候，这位应聘大学生说："我怕照实说会显得自己很愚蠢，智商低。"

可是最后反而是这个老实回答的大学生被录用了。

人事部经理解释说，公司的宗旨就是"**不要把复杂的问题看得过于简单，也不要把简单的问题看得过于复杂**"。

一件简单的事，往往几经反复，就变得复杂起来。懂得把复杂问题简单化，这是聪明人的做法；把简单的问题复杂化，是愚蠢人的做法。

其实，世界上的许多事情本来就很简单，有的时候是我们自己把问题想得太复杂了。当然，有的人认为复杂就能成功，是这样的吗？

如果真的是这样，那么在这个用忙碌来衡量成功的世界里，忙忙碌碌的状态难道就是一个人成功的表现吗？

所谓成功并不复杂，关键是你的心态如何。如果你把自己的关注点放在工作本身，那么你就会简单地看待工作，自然会快乐许多。

俗话说"潮有涨落，人有变化"，就好像是演艺界的明星们，有时大红大紫，有时淡然无光，这些都是平常事，关键是自己以什么样的心态来对待，一个人的心态就决定了他今后的生活状态。

其实，**生活并不复杂，我们无须庸人自扰。**让我们抛开繁复的表象，进入到自己的内心，明晰自己的需求，做一个真实的人、快乐的人、幸福的人。

思维小练习

谁才是真凶

在郊区的一幢公寓里面住着一对要好的朋友，一个姓李，另一个姓

14

第一章　精益求精
——努力提高办事本领的新思维

刘。有一天，警察接到小李的报案，说他的好朋友小刘刚刚被人入室枪杀了，警察赶到现场，只见小刘头部中了一枪，已没有了气息，倒在血泊中。警察问小李你刚才都看到什么了，小李说："我刚才正在和小刘吃火锅，忽然闯进一个戴墨镜的人，对准小刘就是一枪，然后就迅速的逃走了。"

警察看了看桌上摆放着还热气腾腾的火锅，马上便说道："我抓到真凶了。"

开动你的智力想想这是为什么呢？为什么警察能这么快就能找到凶手呢？

答：凶手就是小李。理由是如果有人在寒冷的冬天戴着墨镜入室杀人，一进到温暖的室内，镜片上一定会蒙上一层雾，根本无法辨认屋里的人，警察由此断定小李就是真正的凶手。

经验不是万能的

一个人随着自己的不断成长，了解和掌握更多的知识与能力的同时，自我意识也会得到逐渐的提高。有的时候我们会执著于自己的想法，为了保住自己的面子，也为了争口气，不管三七二十一始终坚持自己的立场。其实，当一种观念变成了以自己的立场、自己的方便为中心的自我意识之后，是很难改变的。

之所以形成这种自我意识，是因为家庭生活与社会生活集结的知识是不同的，我们每个人在接受这些知识的时候产生了辨别、区分的能力。因为在家庭与社会生活中，我们会遇到各种困难和挫折，我们通过学习，加以区分和辨别，最后得以正确地进行处理，让自己更好地生存下去。

但是一旦我们太过于自我执著，便会什么事情都为自己辩解，为自己的过失进行开脱，渐渐地，这种以自己为中心的心态也就形成了。

而且有的人随着自己人生经验的增加，就会变得更加固执己见，假如他还有点成就的话，那么就会越来越顽固地执著于自己的意见，对待生活的态度也就定型下来了，其实这就是陷入了自己给自己挖掘的人生陷阱。

有一个有趣的小故事，说一头驴子驮着一包盐。盐非常地沉，驴子驮着很累，气喘吁吁。结果在渡河的时候，驴子一不小心滑了一跤，跌进河里。而顷刻间，那包盐也被河水溶化了，然后盐就被冲走了。

结果当驴子站起来的时候，顿时感觉自己的背上轻松了许多。于是它欣喜若狂，认为自己获得了让自己更轻松的"经验"。

后来，这头驴子又驮了一大捆的棉花。这一次她又来到了河边，它以为再次跌进河里还可以同上一次一样会减轻重量，于是就在走到河里的时候，它故意滑了一跤。可是，这一大捆棉花在吸收了很多的河水之后，重量迅速增加。

这头驴子不仅站不起来，而且还一直往下沉，任凭它怎么挣扎，最终还是沉入河底，淹死了。

我们发现，驴子淹死的原因并不复杂，说到底就是因为它没有正确地对待"经验"，而是机械地套用"经验"，犯了我们所说的教条主义错误。

往往人生经验丰富的人，因为拥有了坚韧的生命力，所以才能够成为值得我们尊敬的人。但是，你也要明白，经验代表的是过去，而生存常常是"走向未知的世界"。虽然在很多时候和别人的经历有相似之处，但是，却不可能是完全相同的。经历过的事情，对于考虑将来的事以及作为生活的参考指南，无疑是一股巨大的力量，但是这并不是绝

第一章 精益求精
——努力提高办事本领的新思维

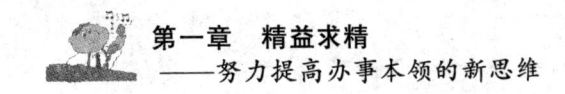

对的。

我们经常听到这样的话："人生不如意事十之八九。"一听这应该就是有经验的人所说的话。他们往往根据自己所经历过的事情来计划自己的将来，而且赋予价值。但是，实际的结果往往事与愿违。虽然有的时候也会出现超出计划之外的结果，但是却总没有办法如愿。

之所以会这样并不足为奇，就好像我们刚刚说的一样，**经验只是过去的东西**。所以，我们的确可以用一种称之为生活的力量的东西来计划自己的未来，但是，经验并不是让你的计划能够完全实现的法宝。

就像我们人类即使现在生活在这个世界里，可是很多时候仍然是处于一种未知的状态，因此，我们必须如同第一次走在路上一样，保持一颗新生的心，并且要细心留神，如履薄冰一般地来考虑未知的状况。

经验的力量，虽然是不能轻易动摇的，但是我们也绝不能把它误认为是一种能够知道未知状况的全能力量。

思维小练习

弄破了多少个纸箱

一个陶瓷公司要送 2000 个纸箱，于是就找到了一家运输公司。当时的运输协议是这样规定的：

（1）每个纸箱的运费是 1 元；

（2）如果弄破 1 个不但不给运费，还要赔偿 5 元。

最后，运输公司总共得到运费 1760 元。那么，这个运输公司在运送的过程中弄破了多少个纸箱？

答：如果这些纸箱都没有破，安全到达了目的地，那么，运输公司应该得到 2000 元的运费，但是运输公司实际得到 1760 元，少得了 2000 - 1760 = 240 元。说明运输公司在运送的过程中弄破了纸箱。弄破一个纸箱，会少得运费 1 + 5 = 6 元，现在总共少得运费 240 元，从中可以得到一共弄破了 240 ÷ 6 = 40 个纸箱。

教你走出思维的定式

定式思维是人们在长期的思维实践过程中形成的一种惯用的模式化了的思维形式。当人们面临现实问题或者是外界事物的时候，便会毫不犹豫地把它们纳入特定的思维框架，而且还会沿着这一特定的思维路线对它们进行分析和处理。

定式思维一般来说往往具有非常鲜明的特点。那就是形式化了的结构，也就是说定式思维是一种"纯形式化"的东西，而且它是在一定的条件下才能够显现出来的。换句话说，只有当被思考的对象进入它的内部之后，当思维的过程发生以后，定式思维才能够表现出它的存在，而且也才能够显示出不同思维定式之间所存在的差别。

如果没有思维的过程，那么也就无所谓思维的惯常定式。例如当有人问"一加一在什么情况下不等于二"的时候，在现实中的很多人都会习惯从数学的角度开始思考，这其实就是思维定式的开始，由于思维定式的影响，结果很多人就有可能回答不出这个问题。

曾经有一天，一位城市青年在乡下看到一位老农把一头大水牛拴在一个小木桩上，于是他走上前去，对老农说："大伯，它会跑掉的。"没有想到老农呵呵一笑，语气非常肯定地说："它不会跑掉的，因为从来都是这样的。"

结果这位城市青年开始有些迷惑了，他继续问道："为什么会这样呢？这么一个小小的木桩，水牛只要稍微用点力，不就拔出来了吗？"

第一章　精益求精
——努力提高办事本领的新思维

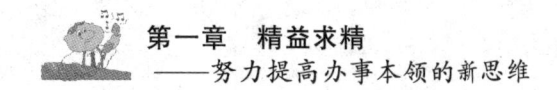

这个时候，老农靠近青年说："小伙子，我告诉你，当这头水牛还没有长大的时候，我就把它拴在这个木桩上了。在刚开始的时候，这头水牛确实不怎么老实，有的时候想从木桩上挣脱，但是由于那个时候它的力气很小，折腾了一段时间之后见没法子，也就死心了。

"等到后来它长大了，但是它再也没有挣脱这根小木桩的心思了。而且有一次，我拿着草料来喂它，故意把草料放在它脖子伸不到的地方，我想它肯定会挣脱木桩去吃草的。可是让我非常惊讶的是，它根本就没有挣脱，只是叫了两声，就站在原地，眼巴巴地望着草料。"

听完，城市青年才明白，原来，约束这头牛的并不是那个小小的木桩，而是它这么多年所养成的习惯。

其实把牛的这种情形放到人的身上就是我们所说的"思维定式"，也就是习惯地顺着定式的思维来思考问题和解决问题，为此我们也不愿意，更不懂得转个方向、换个角度来思考问题，这是我们很多人的通病。

再比如说我们看魔术表演，其实，根本不是魔术师有什么高明之处，而是我们作为观众有一种思维定式。就说有的时候我们看见一个人从扎紧的袋子里面奇迹般地出来了，人们总是习惯地想他是怎么能从扎紧布袋的上端出来的，而不会去想是不是布袋的下面还有开口呢？

当然，定式思维作为人类的一种思维形式，也并不是一无是处。事实上我们在大多数情况下使用的都是各种各样的定式思维，因为在更多的情况下，创新思维往往只在我们遇到新问题、新情况的时候，而且是需要我们使用新方法、新措施时才能够派上用场。

相比而言，一般情况、惯例性事务在我们的生活和工作当中占有了非常大的比重，如果我们不重视定式思维，那么可能会事与愿违，弄巧成拙。

但是，当我们面临一些新情况、新问题，需要我们要求开拓创新的

19

时候，它就会变成思维的束缚，阻碍我们新构想的产生，而且也会阻碍我们对新知识的吸纳。

除此之外，**定式思维有的时候还可能将我们引入到认识的歧途。**有句俗话叫："踏破铁鞋无觅处。"所以，在创新思维的活动中，我们应该明白定式思维便是它的误区，既然这是一种误区，那么在创新活动中我们就应该消除它对我们的影响。

思维小练习

出错的程序操控

小明是专门研究程序的专家，几天前，他刚刚发明了一个可以在简单程序操控下穿过马路（不是单行线）的机器人。有一天，他命令去马路对面，并给它输入了"25米内是否有车辆"以便其能安全过马路。可是谁知道，机器人竟然整整花了将近6个小时才穿过马路，这时，小明才意识到他在给机器人输入程序时犯了一个严重的错误。

请问：小明究竟是哪里出错了呢？

答案：因为小明在给机器人输入程序时，把"25米内是否有车辆"弄错了，若是车辆没有行驶却在前方停放，这就会使它望而却步了。所以小明应该把程序改为"25米内是否有正在行驶的车辆"即可。

常规有时是一种陷阱

思维最大的敌人就是习惯性思维。我们每一个人的世界观、生活环境和知识背景都能够影响到自己对待事物的态度和思维方式，不过对于我们来说，最重要的影响因素还是那些过去的经验，而我们也只有打破

第一章　精益求精
——努力提高办事本领的新思维

它，才能放飞我们的思维，进入一个新的天地。

当然，在规律化的生活当中，改变常规的难度是很大的，但是这并不意味着没有可能。

现在正是一个支持个性、鼓励创新的时代，不管是在生活中还是在工作中，**社会都给我们提供了一个相对安全的创新环境，让我们打破常规的成本越来越小。**

例如，在职场当中，大多数人都认为首要任务是应该确保自己的职位是安全的，应该和老同事一样，每天老老实实地上班下班，而激情四射、披荆斩棘的创业好像离自己很远。

可是，在有一天你也许会突然感觉到，以前在一起工作的同事不知道什么时候就突然成为某一家公司的老板，而且最后还是以客户的身份坐在了你的面前。也许在这个时候，你可能才发现，创业并不像自己想象中的那么难。

大家熟知的拿破仑，他最后的失败并不是败在了滑铁卢战役上，而是失败在了一枚棋子上。

拿破仑在滑铁卢战役失败之后，被终生流放到了圣赫勒拿岛。他一个人在岛上过着十分寂寞和孤独的生活。

后来一次偶然的机会，拿破仑的一位密友秘密赠给他一副象棋。而拿破仑对朋友送给他的这副精制而珍贵的象棋爱不释手，经常一个人默默地下象棋，无可奈何地打发着自己孤独和寂寞的时光，直到最后慢慢地死去。

等到拿破仑死后，那副象棋多次高价转手拍卖。有一天，那位象棋的拥有者偶然发现，象棋中的一个棋子底部居然是可以打开的。

而当这个人把这个棋子的底部打开之后，简直惊呆了，里面竟然密密麻麻地写着如何从圣赫勒拿岛逃生的详细计划。

可是令人惋惜的是，当时拿破仑并没有从象棋中领悟到朋友的良苦用心，以及这副象棋中的深奥秘密。

就连拿破仑自己大概做梦也不会想到，他最后竟然死在了自己常规思维的陷阱里。如果在当时，他还能够用南征北战时期兵不厌诈的思维方法来思考一下象棋中可能蕴涵的其他功能，也许上帝会再一次地向他伸出援助之手。

而事实上，在我们每个人的自我认知当中，我们后天获得的固定思维就好像是一种无形的引力，很容易让我们的思路朝着固定方向靠拢，而这些固定的方向可能是我们自己预定的潜规则，最后也正是这些自己设定的规则无形地把我们套住了，让我们失去了原本与生俱来的创造力。

我们第一眼看上去好的东西不一定是真正好的东西，我们现在觉得好的方法也不一定是绝对好的办法。所以，在生活当中，我们还是要学会换个思路思考问题、分析问题，并且做到客观、冷静地分析事情，敢于打破常规的传统观念，能够通过崭新的眼光寻找出最佳解决问题的途径。

心理学家曾经做过一个研究，结果发现我们平时发挥出来的能力，只是我们所具备能力的2%～5%。换句话说，**我们还有绝大部分能力只有在打破常规的情况下才能够发挥出来。**

所以，我们不管做什么事情，一定要做到勤于思考，善于打破常规，勇于创新。当我们遇到困难和选择的时候，首先要认清自我，正视现实，理性地分析内外各种因素，这样，你就能够掌控好自己的命运，不断地前进。

思维小练习

王鑫到底是哪队的

有一天，学校的学生在做游戏，A队只准说真话、B队只准说假话；A队在讲台西边，B队在讲台东边。这时，叫讲台下的一个学生上来判断一下，从A、B两队中选出的一个人——王鑫，看他是哪个队的。这个学生从A或B队中任意抽出了一个队员，让这个队员去问王鑫是在讲台的西边还是东边。这个队员回来说，王鑫说他在讲台西边。这个学生马上判断出来王鑫是A队的，为什么？

答：若这个人是B队的，则找到的人是A队的，如果王鑫是B队的，则任意抽出的这个队员就是A队的，那任意抽出的这个队员会说在讲台西，而王鑫说在东；若这个人是A队的，找到的是A队的，会说在西，若这个人是A队的，找到的是A队的，会说在西；若找到B队的，他会说在西，结果还是说西，所以只要说西，这人一定是讲真话那一队的。

计算好做一件事的长度，专心去做

当我们在做一件事情之前，应该把自己需要做的事情想象成是一大排抽屉中的一个小抽屉。而我们每做一件事就好像是一次拉开一个抽屉，当我们令人满意地做好了抽屉内的事情，就可以把抽屉推回去。

其实，我们只要知道有多少个抽屉就好，不要总想着所有抽屉里面的事情，而要将精力集中于现在你已经打开的那个抽屉。而一旦当你做完之后，把一个抽屉推回去了，就不要再去想它。

要知道，**我们每个人的精力都是有限的**，如果把精力分散在好几件事情上，那么这不仅不是一种明智的选择，而且也是不切合实际的。

只要我们专心做好一件事，就能够有所收益，而且能够突破面临的困境。专心做事的好处在于不至于因为做的事过多，拉的战线太长，反而一件事也做不好，两手空空。

所以，**一个做事有条理的人是不会把自己的所有精力同时放在几件事情上的，他们往往会关注其中的一件事情**。也就是说，他们不可能因为从事一些分外的工作而分散了自己的精力。

伍尔沃斯的目标就是要在美国各地设立"廉价连锁商店"，为此他把自己的全部精力投入到了这件事情上，最后终于完成了他的目标，而且这一目标的完成也使伍尔沃斯成为改变自己的人。

林肯也曾经专心致志于解放黑奴运动，并且因此让自己成为美国历史上最伟大的总统。

李斯特曾经在听过一次演说之后，内心就充满了成为一名伟大律师的渴望，从而他把自己的一切心思和全部精力都专注于这件事情，最后成为美国最著名的律师之一。

伊斯特曼一直以来都在致力于生产柯达相机，这不仅为他赚到了很多的金钱，也为全球无数的人们带来了无比的快乐。

海伦·凯勒也是专注于学习说话，所以，尽管她不仅聋哑，而且还失明，然而她还是最后实现了自己的目标。

这些种种的事例说明，**所有的成功者都是把某种明确而特殊的目标当做是他们努力的主要推动力**。

专心做事就是把自己的意识集中在某一个特定的欲望上，而且能够一直集中找出实现这件事情的方法，并且将其付诸到实际行动中。

自信心和欲望是构成"专心"行为的主要因素。如果没有这些因素，那么专心致志的神奇力量也就毫无用处。

在现实生活中，为什么只有少数的人能够拥有这种神奇的力量，其实原因就在于大多数人往往缺乏自信心，并且没有什么特别的欲望。

特别是在具体的工作当中，一次只需要专心做一件事，并且能够全身心地投入、积极地希望它成功，这样你的内心才不会感到精疲力竭。

第一章 精益求精
——努力提高办事本领的新思维

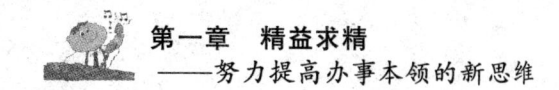

千万不要让你的精力转移到其他的事情、其他的需要或者是其他的想法上去。一定要专心于你已经决定去做的那件事情，暂时放弃其他所有的事，这样，你才会慢慢地把每一件事情都完成得相当出色，而不是像以前那样，什么事都做得非常一般，没有特色。

专心致志的精力是非常神奇的，特别是在激烈的竞争中，如果你能够朝着一个目标集中注意力，一次只专心地做好一件事情，那么你取得成功的机会也将大大增加。

所以，为了让我们在工作上有突破，为了自己的前途更加光明，请一次只专心地去做一件事吧！

思维小练习

新的组合"火柴与汽水"

取一瓶新鲜的汽水和一根火柴，打开瓶盖把汽水倒入杯中，然后划着火柴，手拿点燃的火柴放到玻璃杯上，请问火柴还会继续燃烧吗？

答案： 当你把烧着的火柴拿到杯子上方时，火柴马上就灭了。这是因为汽水里含有加压的二氧化碳气体，汽水瓶打开后冒出大量气泡，杯口上方聚积了大量二氧化碳气体而缺少氧气。我们知道火的燃料是在高温时和氧结合而急剧地放出热能和光能的结合现象，有氧气，火柴才能燃烧，而二氧化碳是不助燃的，所以火柴自然就熄灭了。

有自己做事的原则

每一个人都有属于自己的做人做事的原则，特别是能够把**每一件看似很简单的事情都做好，这就是不简单**。其实这不仅仅是一个人对待工作的态度，更体现了一个人做人做事的原则。

在工作当中，没有任何事情是不重要的，工作之中无小事。所以，任何环节、任何事情都需要我们认真地对待。

一个人做事不应该忽略一些小事情，因为小事情往往体现了一个人做人的原则。因为在我们每个人的一生当中，能够有表现自己机会的时候其实并不多，而做人做事能不能有自己的原则是可以通过日常一些小事情表现出来的。

一些在日常生活中喜欢撒谎的人，在别人请求帮助时推三阻四的人，我们又怎么能够指望他们在关键时刻挺身而出呢？

现在很多刚刚毕业的大学生在找工作的时候总是非常关注自己的形象，他们穿戴得很整齐，面试的时候也是彬彬有礼，但结果总是屡屡碰壁。这到底是什么原因呢？其实原因很简单，就在于他们忽视了一些细节。

当然现在很多人去面试的时候都会带上自己手写的简历，可是写的字就好像是"天书"，让面试员一看就觉得你是一个不够严谨的人，工作起来肯定也是马马虎虎的，所以到头来不可能录用你。

曾经有一个叫王茜的女孩，她与用人单位约好了下午两点半进行面试，可是她却迟到了。当公司前台小姐带着她去见面试官的时候，面试官还没有问王茜什么，王茜就自己开始解释起来晚到的原因了："由于车在路上坏了，实在不好意思。"

而面试刚刚开始没有10分钟，只听见王茜动听的手机铃声就响起来了，更让人感到惊讶的是，她居然旁若无人地接起了电话。

在面试过程中，当面试官问一些非常专业的问题时，王茜的回答是肯定的，但是面试官附加问一下如此肯定的原因时，王茜总是回答说："放心吧，我是学这个专业的，有着丰富的理论基础。"

第一章 精益求精
——努力提高办事本领的新思维

结果其实大家都想到了，面试官虽然非常欣赏她的专业知识，但是由于王茜太不注意做人做事的细节了，所以还是没有被录用。

一个企业在选用人才的时候，是非常注重你这个人有没有自己做人做事的原则的，即使你很有专业能力，但是你没有自己做人做事的原则，不注重细节问题，那么他们肯定是不会录用你的。如果你是企业的老板，你想想一个做人做事没有原则，不重视细节的人，又能够给公司带来多少利润呢？

在现实生活中，很多人没有做人做事的原则，对工作马马虎虎，不尽职尽责，这样的处世态度一生终将碌碌无为。

有很多年轻人似乎并不知道，一个人有自己的做人做事的原则是多么的重要。一天到晚总是看着别人的进步充满了羡慕和忌妒，其实只有把自己的工作做好，踏踏实实这才是进步的基础。

还有一些年轻人总是在寻找能够让自己发现自己的机会，他们有的时候甚至会问自己："天天做这么平凡的工作，有什么意思呢？"可是，就是在这种**看似平凡的工作当中却隐藏着一个人做人做事的原则**。我们只有把自己的工作做得比别人完美、迅速，我们才能够得到别人的注意，从而为展现自我找到机会。所以，**不要过多去考虑你现在工作环境是否舒适，工资是否合理，应该有自己做人做事的原则，把手头的工作做好这才是最明智的选择。**

在我们的生活中，很多大的事情是可遇而不可求的，但是小事情却每天都在自己的身边发生着。所以，我们要想使自己身边发生的一切小事都能够顺利、圆满地解决是非常困难的。如果一个人一生都能够无怨无悔、谨慎小心地去处理一件又一件的小事情那是更困难的。而**拥有自己为人处世的原则，这就是解决这些小事情的一个制胜的法宝。**

所以，很多人遇到问题的时候总是找各种各样的借口，其实如果每

27

个人在任何事情面前都能够坚守住自己做人做事的原则，那么就可以出色而圆满地把事情解决掉。当然，如果一个人养成了这样的习惯，能够在生活中有正确而坚定的立场，那么相信他的人生也一定是非常圆满和幸福的。

思维小练习

谁说的是对的

在一次语文考试结束后，有 5 个同学看了看彼此 5 个选择题的答案，其中：

同学小王：第二题是 C，第三题是 A。

同学小李：第四题是 D，第二题是 E。

同学小明：第一题是 D，第五题是 B。

同学小红：第三题是 E，第四题是 B。

同学小白：第二题是 A，第五题是 C。

结果他们各答对了一个答案。根据这个条件猜猜哪个选项正确？

a. 第一题是 D，第二题是 A；

b. 第二题是 E，第三题是 B；

c. 第三题是 A，第四题是 B；

d. 第四题是 C，第五题是 B。

答案：选 C。如果同学小王的"第三题是 A"的说法正确，那么第二题的答案自然就不是 C。同时，第二题的答案也不是 A，第五题的答案是 C，再根据同学小明的答案知道第一题答案是 D，然后根据同学小李的答案知道第二题的答案是 E，最后根据同学小红的答案知道第四题的答案是 B。所以以上 4 个选项第三个选项正确。

第二章 从头再来
——突破逆境的新思维

相信没有什么不可能

在非洲中部干旱的大草原上,有一种体形肥胖甚至可以称得上臃肿的巨蜂。巨蜂的翅膀非常小,但是脖子又粗又短。可是就是这种巨蜂居然能够在干旱的非洲大草原上连续飞行50公里,飞行的高度也是一般蜂类所不能及的。

它们的智商也很高,平时躲藏在岩石缝隙或者草丛里,一旦发现了食物就会立即振翅飞起。特别是当它们发现这一地区即将面临极度干旱的时候,它们会成群结队地迅速逃离,向着水草丰美的地方飞行。

这种蜂被科学家称为"非洲蜂"。科学家们对非洲蜂也充满了好奇。因为根据生物学的理论,这种蜂体形肥胖臃肿而翅膀却非常短小,理论来说它们的飞行条件是最差的。而从流体力学来看,它们的身体和翅膀的比例根本就是不能够起飞的,即使人们用力把它们扔向天空,它们的翅膀也不可能产生承载肥胖身体的动力,会立刻掉下来摔死。

但事实却不是这样,非洲蜂不仅能飞,而且是飞行队伍里最为强健、最有耐力、飞得最远的物种之一。

后来,哲学家对此进行了合理的解释。原来非洲蜂的天资不好,而它们为了生存只有学会长途飞行的本领,才能够在环境恶劣的非洲大草原活下去。换句话说,如果非洲蜂不能飞行,那么等待它的就是死路一条。

什么叫"置之死地而后生"?非洲蜂给了我们一个很好的回答。而且非洲蜂也更让我们相信,在一个执著顽强的生命里,是没有什么"不可能"的。

第二章　从头再来
——突破逆境的新思维

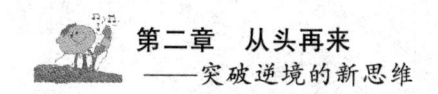

也许有的人会记住，在魔术师刘谦7岁的时候，迷上魔术之后的那段自励性的文字："多年后我还是执著地相信，敢于想不可能的事，敢于执著地追求自己的理想，富有开拓精神的人也就是走向成功的人。"

一切皆有可能：可能是真，也可能是假；可能是善，也可能是恶；可能是美，也可能是丑。

其实，一切皆有可能就意味着一切以时间、地点和条件为转移。当我们每个人以此来鞭策自己的时候，最为关键的就是在选择之后，一定要勇往直前，而且要能够禁得起各种困难和挫折的挑战。

既然我们已经相信一切皆有可能，那么就不妨坦然地面对这世间的一切，即使自己多次遭受失败也不后悔，让挑战极限的行为永不停止。

如果我们真的能够这样，那么当我们专注于某一个领域的时候，才有可能真正地创造出奇迹。

刘谦说得好："生活是一个天然的魔术舞台，而你，就是天生的魔术师。"

生命有的时候真的很神奇，而在我们每一个人的身上也都蕴藏着无数的奇迹。只要用心去做，相信一切皆有可能。

思维小练习

幼儿园里有多少朋友

院长让幼儿园的小朋友排成一行，然后开始发水果。院长分发水果的方法是这样的：从左面第一个小朋友开始，每隔两个小朋友发一个梨；从右边第一个小朋友开始，每隔4个小朋友发一个苹果。如果分发后的结果有10个小朋友既得到了梨，又得到了苹果，那么这个幼儿园有多少个小朋友？

答：158个小朋友。10个小朋友拿到梨和苹果最少人数是（2+1）

×（4+1）×（10-1）+1=136人，然后从左右两端开始向外延伸，假设梨和苹果都拿到的人为"1"，左右两边的延伸数分别为：3×5-3=12人，3×5-5=10人。所以，总人数为136+12+10=158人。

发挥你看不见的巨大潜能

我们每个人的潜能就好像是一座等待开发的金矿，蕴藏无穷宝藏，价值连城，而我们每一个人其实都有这样一座潜能金矿。可是，由于没有进行过开发潜能的训练，所以我们每一个人的力量并不能够淋漓尽致地发挥出来。

以前，有一位已经被医生确定为残疾的美国人，他叫史蒂文。史蒂文靠轮椅代步已经生活了将近20年，他的身体原来是非常健康的，后来由于他赴战场打仗，被流弹打伤了背部的下半截，最后送回国经过治疗虽然保住了性命，却是没有办法行走了。

史蒂文整天坐着轮椅，他觉得自己这一辈子已经完结，于是开始借酒消愁。有一天，史蒂文从酒店里面出来，照常坐着轮椅准备回家，可是遇上了3个劫匪，动手抢他的钱包，他拼命呐喊、拼命反抗，结果这一下却更加触怒了劫匪，劫匪竟然放火烧了他的轮椅，轮椅突然着火之后，史蒂文竟然忘记了自己的双腿是不能行走的，他拼命逃走，求生的欲望竟然让他一口气跑了一条街的距离。

在这件事情后，史蒂文说："如果当时我不逃走，那么我必然会被烧伤，甚至可能被烧死。所以当时我忘记了一切，一跃而起，拼命逃走。以致停下脚步，才发现自己居然会走路了。"现在的史蒂文已经在纽约找到一份工作，而且他身体健康，与正常人一样。

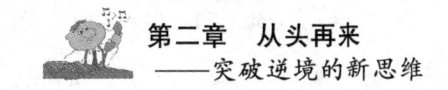

第二章 从头再来
——突破逆境的新思维

其实，并不是大多数人命中注定不能够成功，成功的人只是发挥了足够的潜能。任何一个平凡的人，只要能够发挥好自己的潜能，那么都可能会成就一翻惊天动地的伟业，都可以成为一个领军人物。

曾经一位农夫在自己的粮仓面前注视着一辆轻型卡车快速从他的土地里面开过。开车的是他的年仅14岁的儿子。

由于儿子才刚刚14岁，所以还不允许考驾驶执照，但是儿子对于汽车非常着迷，现在几乎已经成为一个汽车驾驶员，所以农夫准许自己的儿子在农场里开这辆客货两用车，但是不准儿子把这辆车开到外面的马路上。

可是突然间，农夫看见儿子开的汽车翻到水沟里，他大为惊慌，急忙跑到出事地点。结果他看见水沟里面有很多水，而自己的儿子则被压在车子下面，躺在那里不能动，只有儿子的头勉强露出水面。

这位农夫的身材并不高大，他只有1.7米高，70公斤重，可是这个时候他毫不犹豫地跳进水沟，把双手伸到车下，居然把车子抬了起来。而这个时候赶来救援的另一位农场工人把那失去知觉的孩子从车子下面拽了出来。

当地医生很快也赶来了，在给孩子检查一遍之后，才发现只是一点皮肉伤，其他毫无损伤。

直到这个时候，农夫才开始觉得奇怪起来了。因为刚才自己在抬车子的时候根本就没有考虑自己是否能够抬得动，现在，他出于好奇，又试了一次，结果根本就抬不动那辆汽车。

由此可见，**一个人的体内通常都蕴藏着极大的潜在体力。**而且科学家也发现，人类储存在脑内的能量更为惊人。

任何成功者都不是天生的，成功的根本原因就在于能否开发人的无穷无尽的潜能。如果你能够抱着一种积极的心态去开发自己的潜能，那么你就会有用不完的能量，你的能力也会变得越来越强。可是如果你做什么事情都是抱着消极的心态，根本不相信自己有潜能，那么到头来你只能叹息命运的不公、自己的无能。

思维小练习

王明是怎么算出来的

一家企业的老板在对员工进行思维能力测试的时候出了这样一道题：

某大型企业的员工人数在 1700~1800 人之间，这些员工的人数如果被 5 除余 3，如果被 7 除余 4，如果被 11 除余 6。那么，这个企业到底有多少名员工？员工王明稍微想了想就说出了答案，请问他是怎么算出来的？

答：对题目中所给的条件进行分析，假如把全体员工的人数扩大 2 倍，则它被 5 除余 1，被 7 除余 1，被 11 除余 1，那么，余数就相同了。假设这个企业员工的人数在 3400~3600 人之间，满足被 5 除余 1，被 7 除余 1，被 11 除余 1 的数是 $5 \times 7 \times 11 + 1 = 386$，$386 + 385 \times 8 = 3466$，符合要求，所以这个企业共有 1733 名员工。

一切成功都来自于求胜的信心

信心是我们每个人生命中照亮成功的一束光，更是促进成功的催化剂。而一个拥有自信心的人，往往更容易让别人相信他们的能力，他们自身也会得到更多的锻炼机会，让他们成为更有能力的人。

聪明的人往往很自信，他们会抓住每个万分之一的机会，从而让自

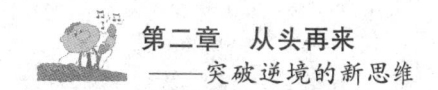

第二章 从头再来
——突破逆境的新思维

己享受到成功的愉悦；而愚笨的人往往缺乏自信，做事没有激情，他们会因为一点点小的过失懊悔不已，失去与别人竞争的勇气，他们始终生活在自己的狭小空间当中，没有任何快乐可言。

其实在生活当中，失败、错误和挫折这些都是难免的，我们是无法拒绝它们发生的。但是聪明的人常常以达观的态度来看待失败和错误，他们知道勇敢而冷静地面对；但是愚笨的人总会为这些已经过去的错误而烦恼，并且长时间陷入其中而不能自拔。

在卡耐基事业刚刚起步的时候，他在密苏里州举办了一个成年人教育班，并且还在各大城市陆续开设了分部。

但是当时由于财务管理上的欠缺，卡耐基的收入竟然仅够支出，一连数月的辛苦劳动居然没有什么回报。

当时卡耐基花费了很多钱用于广告宣传，而且还要支付房租、日常办公的开销等，尽管收入不少，但是过了一段时间之后，卡耐基发现自己居然没有赚到什么钱。

卡耐基开始不断抱怨自己，他在很长时间里都非常苦恼，整日闷闷不乐，神情恍惚，最后卡耐基找到了中学时的生理老师保罗·布兰德威尔博士。

老师问他是否还记得他在上中学时给他说过的"不要为打翻的牛奶哭泣"那句话。而当卡耐基听了老师这句话，恍然大悟，马上回忆起自己上中学时期的那件往事，之后他的精神大振，心中的苦恼也随之消失得无影无踪。

原来在卡耐基上中学的第一堂生理卫生课上，老师保罗·布兰德威尔博士把一瓶牛奶放在桌子边上。全班的同学都坐了下来，望着那瓶牛奶。之后，保罗·布兰德威尔博士突然站了起来，一掌把那瓶牛奶打碎在了水槽里，同时大声叫道："不要为打翻的牛奶而哭泣！"

接下来老师保罗·布兰德威尔又叫学生都去水槽边，好好地看一看那瓶打翻的牛奶，并且告诉学生们："好好地看一看，因为我要你们这一辈子都记住这一课，这瓶牛奶已经没有了，你们现在的任何抱怨，都不可能再挽回。其实你们只要先动一下脑子，加以预防，那瓶牛奶就可以保住，但是现在这么说已经太迟了。现在我们所能做的事情就是忘记它。"

其实，保罗·布兰德威尔老师的这番话就是为了告诉学生们，**对于那些已经无法挽回的错误，后悔、埋怨、消沉都无济于事**，这样反而会阻碍我们前进的脚步，我们只有将它忘记，重新开始，这才是最好的选择。

西班牙著名作家塞万提斯有句名言："**对于过去不幸的记忆，构成了新的不幸。**"对于过去的错误，如果有机会补救，自然应该尽力补救。但是如果已经没有机会挽回，那么就坚决地将其丢到一边，千万不要陷在过去失败的泥沼里，这样你只会越陷越深，无力自拔。

生活有自己的进程，也是无数个事变的组合，事情的变化其实在很多时候是很难笼统地说好与坏的，我们自寻烦恼更是显得毫无价值。

所以，为了避免烦恼，不要一味地责怪自己。你应该想到，自己的能力毕竟有限，你经过了努力，做事也只能达到这个程度；同时，你也要懂得社会和人生之间的辩证关系，要明白任何事情都顺利是不太可能的道理，但是只要我们自己不懈的努力，那么出路总是会有的。

思维小练习

哪一项推理错误

要举办一场室外交友会，组织者说："明天的交友会将如期举行，除非预报了坏天气或预售票卖得实在太少了！"如果交友会被取消，将

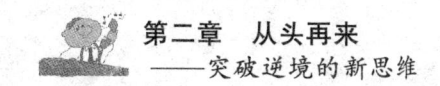

给买了票的人办理退票。尽管预售票已卖得足够多，但仍有一些买了票的人得到了退款，这一定是因为预报了坏天气的缘故。

A. 该推理认为如果一个原因自身足以导致某一结果，那么导致这个结果的原因只能是它。

B. 该推理将已知需要两个前提条件才能成立的结论建立在仅与这两个条件中的一个有关系的论据基础之上。

C. 该推理解释说其中某一事件是由另一事件引起的，即使这两个事件是由第三件未知的事件引起的。

D. 该推理把缺少某一事件会发生的一项条件的证据当做了该事件不会发生的结论性证据。

E. 该推理试图证明结论的证据实际是削弱了该结论。

答案：选 A。有人得到退款不能推出交友会被取消。

你在困难中看到机会了吗

人生的道路不可能一帆风顺，大多数人一生的经历都是坎坷不平的。当然，也正是由于我们的人生充满了曲折，才让我们的生命变得更充实、更有意义；正是因为我们有了逆境中的各种经历，才会在人生当中迎来机遇，给自己带来成功。

我们每个人，都是一个平凡的个体，没有谁天生就是富翁。所以，不要总抱怨自己没有出生在一个富裕的家庭，更不要抱怨自己为什么没有洋房轿车，如此盲目地让自己去和别人竞争，只会把自己弄得更加痛苦，到头来成功的机会变得更加渺茫。

其实，**年轻就是本钱**，空想是不现实的，我们只有敢于去做、坚持去做、努力去做，才能够获得成功。

逆境不可怕，它是人生中的一大笔财富。 而且这种财富还不是任何人可以享受的。对坚强自信的人来说，逆境是一块检验自己能力的试金石。当他们身处逆境的时候，更会表现出比平时更顽强的毅力，可以说逆境给了他们坚不可摧的精神和动力。

美国最为伟大的总统林肯，一生就充满了我们难以想象的传奇经历。他在21岁的时候开始经商，可是经商却屡屡受挫；22岁的时候他参加州议员，但是遭受到了惨败；到了24岁，林肯决定再一次经商，可是命运好像是在捉弄他，他在经商中再次失败；当他26岁的时候，恋人不幸去世，他为此遭受了巨大的打击，情绪低落，精神濒临崩溃；到了27岁的时候，他精神崩溃；34岁时，他第二次参加众议员竞选，又以失败告终；两年之后的第三次竞选，他再次败北；45岁时，他的第四次竞选仍然没有为他带来荣耀；又过了两年，他想成为副总统的愿望也付诸东流；49岁时他竞选参议员的努力再次落空。可是，就是在经历了这么多次的失败和挫折之后，林肯并没有绝望，他没有放弃，终于在他52岁那一年成为美国第16任总统。

林肯总统的一生虽然遭受了很多的挫折，但是他还是用自己超乎常人的顽强毅力为自己的人生画下了一个圆满的句号。

有人说，逆境是人们走向顺境的必经之路，因为它能够造就人才。是的，逆境就好像是高温下才能生产出来的金刚石一样，它让懦弱的人变得勇敢，让摇摆的人变得坚毅。

"自古雄才多磨难，从来纨绔少伟男。"纵观历史，一帆风顺而作出伟大成就的人实属少见，而那些真正出类拔萃，最终取得成功的人，大都是历尽了千辛万苦，在逆境中磨炼出了自己坚强的意志。

孟子曰："天将降大任于斯人也，必先苦其心志，劳其筋骨，饿其体肤，空乏其身，行拂乱其所为，所以动心忍性，增益其所不能。"逆

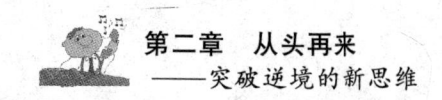

第二章 从头再来
——突破逆境的新思维

境就是老天对一个人能力的考验，你只有通过了考验，才会获得成功的嘉奖，如果你不能通过，那么只能碌碌无为过完余生。

所以，当你身处逆境的时候，不妨把自己的心情放开一些、放宽一些、放下一些。这就像是在品尝一杯浓浓的苦咖啡，你喝第一口的时候也许感到的是满嘴的苦涩，但是当你再去品尝第二口的时候，你就会觉得在苦中也包含了一份独特的浓郁与意蕴。最后，你会发现在这杯咖啡里，除了苦，更值得你回味的是那份独特的甜美。

当然，逆境可能是助力，也有可能是阻力，关键看你如何对待它。 拉梅奈说："不懂得苦难裨益的人，并未过着聪明而真实的生活。"如果一个人总是怀疑人生、悲观消极或者愤世嫉俗，那么逆境对于他就是一股阻力；如果你能够将它转化为动力，那么你必定能奋发图强、力争向上。

当你看透了世态炎凉，经历了人生的曲折之后，你才会发现，困难就是契机，我们每个人能拥有双赢的人生，要相信，阳光总在风雨后。

思维小练习

一句问路的话

一个岔道口，分别通向甲国和乙国，这两个国家的人总是非常奇怪，甲国的人一直说实话，乙国的人一直说谎话。结果路口站着一个甲国人和一个乙国人，但是却不知道他们的真正身份。现在有一个人要去乙国，但是不知道应该走哪条路，就需要问这两个人。而且这个人只能问一句。他是怎么判断该走哪条路的？

答：如果 A 是甲国人，说的是真话，问甲："如果我问 B 哪条路是安全之路，他会指哪条路？"他指出的 B 说的路就是错误的，另一条路就是正确的。

39

如果 A 是乙国人，说的是假话同样的问题问 A，因为 B 说真话，A 会和 B 的答案相反，那么另一条路就是正确的。

判断形势，逆境也能成顺境

生活总是非常现实的，社会更是复杂多变的。为此我们每个在此游移的人自然不会一帆风顺，会遇到各种各样的烦恼。**理想与现实之间总是有矛盾的**，而说到底，就是我们在现实中遭受到了挫折。

你可以选择去怨恨自己的人生不公平，可是，你更应该认真汲取教训，重新站起来，勇敢地去面对生活中的种种压抑。也许对于一个品尝过失败滋味的人来说，他们会对人生有更深刻的理解，人生需要磨炼，年轻时的种种不顺利，可能会对你今后的发展更有帮助。

曾经有个流浪汉，他发现每天有很多人都想求菩萨保佑，于是心里突然对菩萨感到不忍心，他对菩萨说："菩萨，我看您每天都这么忙，处理上万信众的需求，我真想帮您分忧。"

想不到，菩萨居然对流浪汉说话了："好啊，你就来试试吧！坐在我的位置上。"菩萨一边说话一边从位置上走了下来，当菩萨走到流浪汉面前的时候，又叮嘱他说："你要记住，不管你听到什么，看见什么都不可以说话，这才是当菩萨最为基本的条件！"

结果流浪汉心想，这菩萨也太好当了，于是流浪汉就成了菩萨的替身。

这一天，来寺庙里祈求菩萨保佑的人和往常一样的多，人们见了菩萨就拜，而且人们并没有察觉到菩萨有什么不同，而座上的流浪汉也按照之前和菩萨的约定，静静地聆听人们的心声，但是流浪汉只能听下

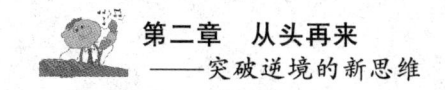

第二章　从头再来
——突破逆境的新思维

来，却不能说出来。

直到有一天的中午，一个富商在拜完菩萨之后就匆匆离开了，而把随身携带的一个手袋遗留在了庙堂当中，流浪汉看在眼里，特别想叫他回来，可是这个时候他又想起了菩萨的叮咛，就忍住没有说话。

没过多长时间，庙堂里面又来了一个三餐不继的穷人，他开始对着菩萨祈祷，希望可以帮他渡过难关。结果当他正准备离开的时候，忽然发现富商遗留下来的手袋，他打开一看："哇！居然是一袋子金币。"于是他连忙回头对着菩萨说："菩萨您真的显灵了，太感谢您了。"之后就满怀欣喜地离开了！

这一次流浪汉又忍不住，已耐不住想说了，可是他再一次想起了当初的约定，结果到嘴边的话又咽了回去。

之后，又来了一个准备出海捕鱼的渔夫，他祈求菩萨能够保佑他出海平安，结果正当他起身离开的时候，富商却回来寻找他的钱袋子，正好发现渔夫就站在他刚刚拜过的地方，于是上去就抓住渔夫，要他把钱拿出来。

就在两个人争执不下的时候，流浪汉这一次终于忍不住开口说明了事情的情况，而这两个人在了解了事情的真相之后，就迅速离开了寺庙，去做该做的事情了。

正当流浪汉觉得自己做了一件大好事的时候，真正的菩萨回来了，说道："你，现在下来吧，你还没有因缘做菩萨。"

"难道我说明真相也不行吗？"流浪汉觉得自己很委屈。

菩萨继续说道："本来这一袋钱对于那个富商来说根本就没有什么，但是却可以救活穷人一家，而最可怜的莫过于是那个准备出海打渔的渔夫了。如果他继续与富商争执，那么他也就错过了出海的时间，这样就可以逃过海上的一劫，现在他的船遇到风暴已经葬身海底了。"

41

能够把逆境当成宝贝的往往只有两种人：**一种人是决心战胜逆境的人**。如果一个人没有这种决心的话，那么不管再怎么强调"逆境是机会"，到头来也无法抓住这次机遇，反而只变成另一种悲剧；**第二种就是认为逆境就是机会的人**。

假如一个人没有这样的智慧，那么逆境只会给我们带来更多的苦难。

法国作家巴尔扎克所说："世界上的事情永远不是绝对的，结果完全因人而异，苦难对于天才是一块垫脚石。对于能干的人是一笔财富，对于弱者是一个万丈深渊。"

思维小练习

下一行数字是多少

你能继续写下去吗？

3

13

1113

3113

132113

1113122113

请问下一行数字是什么？

答案：这些数字是有规律的，下一行是对上一行数字的读法。第一行3，第二行读第一行，1个3，所以13。

第三行读第二行，1个1，1个3，所以1113。第四行读第三行，3个1，1个3，所以3113。第五行读第四行，1个3，2个1，1个3，所以132113。

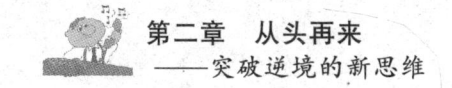

第六行读第五行，1个1，1个3，1个2，2个1，1个3，所以1113122113。第七行读第六行，3个1，1个3，1个1，2个2，2个1，1个3，所以下一行数字是311311222113。

坚持才是硬道理

一个人想要获得成功，就不要过多地去考虑失败，在成功者的眼中是没有不可能、放弃、没办法、办不到、失败、行不通、没希望、退缩等这类愚蠢的字眼的。

只要有一丝的希望，只要你想成功，就要坚持到底。**因为成功的秘诀是：坚持不懈，永不放弃，终会成功**！

享誉全球的松下幸之助是日本著名的企业家，被称为日本的"经营之神"。而松下幸之助在自己年轻的时候，家庭条件十分贫困，一家人都需要他来养活。

为了维持一家人的生计，瘦弱矮小的松下幸之助只好在一家电器厂工作。当他走进这家工厂的人事部，向一位负责人说明了自己的来意，而且以请求的态度希望能够给他安排一个工作。这位负责人看见松下幸之助又瘦又小，而且衣服肮脏，觉得他不是合适的人选，可是又不好直接拒绝，于是就找了一个理由："我们现在暂时不需要人，你一个月以后再来看看吧。"

在别人看来的托词，却让松下幸之助当真了，一个月以后，松下幸之助又来了，那位负责人只好又推托说过几天再说吧。几天之后，松下幸之助又来了，就这样反复了好几次，这位负责人也有点烦了，于是就直接说出了真正的理由："像你这样脏兮兮的人是进不了我们工厂的。"

43

结果这次回去之后，松下幸之助就借钱买了一身整齐的衣服，穿上之后再次找到这位负责人。

这位负责人一看实在没有办法，便告诉松下幸之助："由于你对于电器方面的知识了解得太少，我们还是不能要你。"

没有想到两个月之后，松下幸之助又来到这家企业，对那位负责人说道："我已经学了不少有关电器方面的知识，你看我哪方面还有差距，我会一项一项来弥补的。"

这位负责人盯着松下幸之助看了半天，他已经被松下幸之助的执著所感动，于是很感慨地说道："我干这一行已经几十年了，像你这样找工作的我还是第一次遇到，我真佩服你的耐心和韧性。"最终那位负责人答应让松下幸之助进工厂工作。

在这个世界上没有办不成的事情，关键在于你想不想把事情办成，有没有那种永不言弃的精神。其实，这种精神就好像是登山，如果你爬到半路上，觉得太苦太累，就不想再爬了，那么你的意志也会被瓦解掉，结果必然是你永远也看不到山顶的美好景色。

反之，如果你能够坚持下来，不放弃，那么虽然这个过程很辛苦，但是付出必有回报，等你爬上山顶之后，你将看到锦绣山河，这是多么美丽的景色。

在坚持做一件事情的过程当中我们会遇到很多困难，例如这中间可能要承受别人的流言飞语、外界的种种压力以及自身对信念的怀疑，甚至有的坚持会让你挣扎在生死的边缘，但是你要明白，你的永不言弃，换来的是自己巨大的成功，因为**成功就在于永不言弃、执著地追求**。

如果你想获得辉煌的成就，进入成功人士的行列，你首先要问问自己："我有足够的毅力吗，我有恒心吗？我能够在失败之后做到不放弃吗？"如果这些你都已经具备，那么，只要你努力，成功便不再遥远。

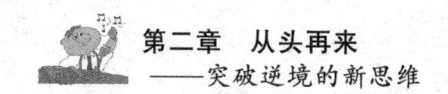

第二章 从头再来
——突破逆境的新思维

当你在失败面前失去进取心的时候；当你被生活的重担压得无法喘气的时候；当困难绊住你成功脚步的时候，你都不要退缩、不要放弃，一定要坚持下去，因为只有坚持不懈，永不放弃，才能通向成功。

在成功的道路上，不轻言放弃是成功最根本的保证，而永不放弃更是对信念的执著追求。永不放弃就代表你获得了勇气，代表你懂得做人，拥有了不放弃的心态。其实，我们人人都应该懂得这个道理，学会永不放弃，永不言败，坚持到底。

思维小练习

她们分别买了什么

辰辰、美美、悦悦3个人一起去商场里买东西。她们都买了各自需要的一种东西，有帽子、发夹、裙子、手套等，而且每个人买的东西还不同。有一个人问她们3个都买了什么，辰辰说："美美买的不是手套，悦悦买的不是发夹。"美美说："辰辰买的不是发夹，悦悦买的不是裙子。"悦悦说："辰辰买的不是帽子，我买的是裙子。"她们3个人，每个人说的话都是有一半是真的，一半是假的。那么，她们分别买了什么东西？

答：辰辰买了帽子，美美买了手套，悦悦买了裙子。

放弃，意味着你将失去机会

在每个人的一生当中，总是会面临着很多的选择。其实，**规划自己的人生过程也是一个做出选择的过程**，而且一旦我们做出了路线的选择，坚持就变得非常关键了。

比尔·盖茨认为：“巨大的成功依赖的不是力量而是坚持，社会竞争常常是持久力的竞争，有耐力和毅力的人才是笑到最后的成功者。”当被问道：“您的事业似乎总是一帆风顺，有没有过挫折？”他回答说："我无时无刻不是受到挫折，但是我从来没有放弃过，一直都在坚持。"

可见，坚持不懈是比尔·盖茨最值得让人们学习的优点，也正是由于这种坚持不懈的精神，改变了他的一生，也影响了很多的人。

我们每个人都应该相信，平凡的比尔·盖茨之所以能够做出不平凡的事业，关键就是因为他一直以来都没有放弃，始终坚持着自己的目标。

我们能够为了自己的理想而坚持到底，这是人人都应该有的素质，而且这也是取得成功的重要因素。

其实，我们做什么事都离不开坚持，因为坚持才让我们能够在经历了很多次失败和挫折之后获得成功。

成功与失败往往就是取决于你是否有耐力能够坚持到底，而起决定作用的往往又是那最后的一瞬间。

约翰·吉米曾经是美国一家人寿保险公司的保险员，他花了65美元买了一辆脚踏车开始四处去推销保险。

可是不幸的是，约翰·吉米的成绩始终是一片空白。但是，他毫不气馁，每天晚上都坚持写信给白天所访问过的客户，感谢他们能够抽出时间接受自己的访问，而且也希望他们能够加入投保的行列，每一字每一句都写得诚恳感人。

可是即使这样，两个月过去了，约翰·吉米连一个顾客也没有拉到，而上司给他的压力也越来越大。

而约翰·吉米的妻子却劝告他说："坚持下去，就有盼头。"约翰·吉米听从了妻子的劝告。

第二章　从头再来
——突破逆境的新思维

后来，约翰·吉米曾经想说服一个小学校长，让他学校的所有学生全部投保。可是，这名校长对此毫无兴趣，一次又一次地把约翰·吉米拒之门外。当他第69天再一次跑到校长这里来的时候，校长终于被他的诚心所感动，同意全校学生投保。

可见，约翰·吉米最后成功了，而正是由于约翰·吉米坚持不懈的精神，让他后来成为著名的保险推销员。

当我们为自己的未来做出规划之后，就要坚持目标，矢志不渝，不抛弃也不轻易选择放弃，因为只有这样，奇迹才会发生。

因为当我们遇到困难时，很多次我们会觉得自己实在挺不过去了，认为这个坎儿实在越不过去了，这难道真的是我们真实的状态吗？我们真的过不去了吗？

其实，当你咬咬牙坚持下去，你就会发现在大多数情况下，我们都能够挺过去，**因为真实的自己要比想象中的自己更为强大，也更加坚强**。所以，只有坚持到底，我们才有可能最大限度地发挥自己的潜能，从而获得成功。

思维小练习

第十个数是多少？

1、5、11、19、29、41……这列数中第10个数是多少？

答案：$1=0+1\times1$，$5=1+2\times2$，$11=2+3\times3$，$19=3+4\times4$，$29=4+5\times5$，$41=5+6\times6$，**依次往下，第7个数字就是$6+7\times7=55$，第8个数字就是$7+8\times8=71$，第9个数字就是$8+9\times9=80$，第10个数字就是$9+10\times10=109$**。

不要让脆弱打败

曾经哈伯德在《致加西亚的信》中说："我欣赏的是那些能够自我管理、自我激励的人，他们不管老板是不是在办公室，都能一如既往地勤奋工作，因而他们永远都不可能被解雇。"

其实在一个管理者的眼中，一名出色的员工和普通员工之间最大的差别就在于：**前者能够进行自我激励**，也可以运用自我推动的力量让自己更努力地去工作，而且在工作中还敢于担当一切责任。

简单来说，**成功的要诀就在于对自己的行为进行管理，对自己有信心**，我们要记住，没有人能够阻碍你的成功。

一个出色的员工，他对自己的要求也是非常严格的，他们从来都不需要别人的强迫或督促。因为他们深深地明白，要想达到事业的巅峰，就不能仅仅是在别人注意到你的时候你才装模作样好好表现一番，任何真正的成功都是一个厚积薄发、不断进取的过程。

所以说，**我们要想达到事业的巅峰，自然就需要具备积极主动、永争第一的品质，千万不要让脆弱把自己打败。**

不管是做什么事情，都需要自我管理、自我激励，只有这样，我们才有可能获得成功。

特别是当我们身在职场里，就更应该学会如何进行自我激励，如何应对工作中遇到的困难和挫折，下面一些方法是值得你去借鉴的。

离开生活的舒适区

我们要不断寻求新的挑战，这样才能激励自己，千万不要让自己躺倒在舒适区。舒适区只算得上是一个避风港，而不是安乐窝。

第二章 从头再来
——突破逆境的新思维

调高工作目标

很多人惊奇地发现，他们之所以达不到自己所设定的目标，就是因为他们所设定的这一主要目标太小，并且还模糊不清，结果让自己失去了动力。假如你的主要目标不能够激发你的想象力，反而对你造成了打击，那么，你目标的实现自然就遥遥无期。所以，真正能激励你奋发向上的，就是确立一个宏伟而又具体的远大目标。

调整计划

实现目标的道路不可能一帆风顺，它总会呈现出波澜起伏，有起也有落。但是，你可以为自己找到一个休整点。

你可以事先看看自己的时间表，之后合理安排出自己放松、调整、恢复元气的时间。哪怕你现在觉得自己的情况不错，也应该做好调整计划，这才是明智之举。

特别是当自己的事业到达巅峰的时候，更应该让自己有一些休整点。比如，你可以安排出一大段时间让自己好好放松一下，哪怕是离开自己最喜欢的工作。因为只有这样，当你再一次重新投入到工作中的时候，才能更富有激情。

正视工作中出现的危机

俗话说：“危机能激发我们竭尽全力。”如果我们无视这种现象，只能说我们是在愚蠢地创造一种舒适的生活方式，让自己的生活在表面上看起来风平浪静。因为我们不必坐等危机或悲剧的到来，让自己脆弱地被打倒，而应该从内心开始挑战自我，这才是我们生命力的源泉。

掌握好情绪

当我们开心的时候，体内就会发生奇妙的变化，这种变化会给我们带来获得新期望的力量。

而且，让我们每个人开心的事情可以说是无处不在的，我们只需要找出自身的情绪高涨期，从而不断激励自己。

从细节入手

创造自我，就好像是绘制一幅巨画，我们不要嫌精工细笔。如果我们能够把自己当做是一幅正在创作中的杰作，那么你就会快乐地从细微处开始行动，进行改变。一件小事做得与众不同，往往也会让一个人兴奋不已。所以，无论是多么小的变化，点点滴滴的改变对你的成功都很重要。

思维小练习

测高楼的高度

某天，天气非常晴朗，一个人对另一个人说："这里有一盒卷尺，看到对面这幢大楼了吧，它的四周是宽广的平地。如果在不登高的情况下，怎样才能量出对面这幢大楼的高度？"另一个人听罢问题后，想了一会儿，又拿卷尺量了一番，最后得出了大楼的高度，聪明的你想到是怎么测的吗？

答案：仔细观察可以发现，在晴朗的天气，太阳可以照出影子，可以用卷尺将一个人的身高和身影量出，高层楼影也可以量出。然后用：人高÷人影＝楼高÷楼影这个式子计算出楼的高度。

第三章 目光长远
——让人生长期发展的新思维

必须选择正确的目标

什么是目标？**目标就是我们所期望得到的成果。**有很多人这一辈子都在埋头苦干，但是成功与否并不在于你设定了多么宏伟的蓝图，而在于你能不能选择一个适合自己的目标。如果你选择的目标错了，那么你的人生无异于南辕北辙，你所付出的艰辛和汗水只能付诸东流。那么什么样的目标才算是正确的目标呢？其实，**简单来说就是适合自己的目标。**

著名经济学家张五常在小的时候非常喜欢打乒乓球，而且他自己也认为有这方面的天分。

有一次，张五常碰到了一个小孩子，这个小孩子虽然才学习乒乓球不久，而且个子矮得只能踮着脚尖拍球，但是却拍得"啪啪"直响。于是，张五常便走上前去，主动教这个小孩打乒乓球。

可是谁也没有想到，这个小孩一教就会，不到两个月的时间，张五常就发现自己已经不是他的对手了。正是经过这件事情，张五常才意识到自己在乒乓球方面其实并没有什么天分，于是他开始转而投身其他领域，最后，张五常终于在经济研究方面取得了令人瞩目的成就。

而当时那个小孩子，就是后来的世界冠军容国团。

之后，张五常离开了香港去北美发展，在临行之前，容国团特意教了他几手发球的绝活。第二年，张五常就在加拿大获得了乒乓球的单打冠军。之后，张五常又在美国加州大学与一位教授打赌：谁能够在乒乓球桌上赢了对方，谁的经济学水平也就更高一筹。

结果，当时那位对自己非常有把握的教授在张五常面前一连输了

第三章　目光长远
——让人生长期发展的新思维

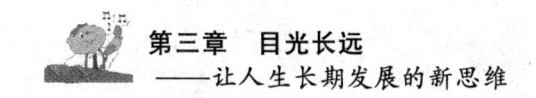

10局。那位教授吃惊地问张五常："你怎么不去打乒乓球呢？你完全可以去争取世界冠军的。"结果张五常笑着说："我怎么打得过容国团呢？"

其实张五常之所以不去当乒乓球运动员，很显然，这并不是他去不去的问题，而是球队收不收他的问题。同样的道理，现在我们眼前可能有很多目标让你看上去都非常的兴奋，但是这些让你兴奋的目标并不一定适合你。

生活中，我们很多人都知道天道酬勤、勤能补拙的道理。可能有的人还会这样问：与其用勤补拙，那么为什么不把自己的精力用在自己本身就非常优秀的方面呢？更何况，有些拙也不是能够靠一味地下苦功就可以补上去的，甚至有的事情也不是只有勇气和魄力就能够做成的。

这话说得不无道理，可是一个好高骛远、不切实际的人是永远无法成功的。这样的人，在我们这个世界上就从来都没有少过，甚至有些人的目标让我们瞠目结舌。

当我们在设定目标的时候，不但要结合自身条件、外部环境等一系列的主客观因素，而且还要切实考虑到目标的可操作性。

我们谁都想"乘长风破万里浪"，可是如果我们没有任何的航海知识，那么你那远大的目标，结果只会让你葬身海底。

思维小练习

住中间房间的人是谁？

小张、小李和小赵3人住在3个相邻的房间内，他们之间满足这样的条件：

（1）每个人喜欢一种宠物，一种饮料，一种啤酒，不是兔就是猫，不是可乐就是果汁，不是青岛就是哈尔滨；

（2）小张住在喝哈尔滨的人的隔壁；

（3）小李住在爱兔的人的隔壁；

（4）小赵住在喝可乐的人的隔壁；

（5）没有一个喝青岛的人喝可乐；

（6）至少有一个爱猫的人喜欢喝青岛啤酒；

（7）至少有一个喝果汁的人住在一个爱兔的人的隔壁；

（8）任何两人的相同爱好不超过一种。

住中间房间的人是谁？

答案：小赵

根据条件1，每个人的三爱好组合必是下列组合之一：

A．果汁，兔，哈尔滨；B．果汁，猫，青岛；C．可乐，兔，青岛；

D．可乐，猫，哈尔滨；E．果汁，兔，青岛；F．果汁，猫，哈尔滨；

G．可乐，兔，哈尔滨；H．可乐，猫，青岛。

根据条件5，可以排除C和H。于是，根据条件6，B是某个人的三爱好组合；

再根据条件8，D和G不可能分别是某两人的三爱好组合；因此A，必定是某个人的三爱好组合；

然后根据条件8，可以排除G；于是余下来的D必定是某个人的三爱好组合；

根据2、3和4，住房居中的人符合下列情况之一：

1．喝青岛而又爱兔，2．喝青岛而又喝可乐，3．爱兔而又喝可乐。既然这3人的三爱好组合分别是A、B和D，那么住房居中者的三爱好组合必定是A，或者D。

根据条件7，可排除D；因此，根据条件4，小赵的住房居中。

54

第三章 目光长远
——让人生长期发展的新思维

人生规划要及早设定

一个没有明确人生目标的人，就好像是一艘没有舵的船，这艘船在大海里面只能随意漂泊，被风向和洋流肆意玩弄着，谁也不知道它将驶向何方。所以，作为一个想要追求成功的人来说，一定要有自己明确的人生目标，千万不可以随波逐流。因为无舵之舟和无目标的人，到头来的结果只有一个，那就是失败。所以，你要记住，只有设定了人生目标，及早进行人生规划，才能够一步步引领你走向成功。

我们也可以把人生之旅看成是乘坐火车，一个雄心壮志的人，再加上才华、勤奋和机遇，就好像是乘坐上了一趟高速行驶的火车，在有限的生命时间里，一定会走得更远，而他所欣赏到的人生景色也一定是非常壮观雄奇，甚至可以说是险峻的。而一个志大才疏的人，可能在他的人生道路中，有的时候会坐上快车，而某些时刻又会突然慢下来，甚至是停止不前。可是，我们应该懂得勤能补拙的道理，即使坐上了慢车，但是只要目标正确，规划合理，凭借自己的勤奋，也终会到达终点。

王显这段时间心里总是蠢蠢欲动，因为他身边的一个同事勇敢地辞职选择去读 MBA（工商管理硕士），结果毕业后开价就是年薪十几万，甚至更高。而王显在家里妻子不断的埋怨声中，也有了辞职的打算，后来，王显选择了辞职。

他到了自己事前已经联系好的公司，可是没有想到的是，刚换的第一份工作，自己才做了两个月，王显就无法适应了。

结果王显在焦躁的情绪当中，又辞职了。可是这一次王显才感觉到找工作是如此艰难。

在几经折腾之后，王显决定转换方向，也去读 MBA。当时王显一咬牙，把自己多年的积蓄拿出来报了名。但是他去学习之前心里还是忐忑不安的，因为现如今市面上已经烽烟四起了，以往被人们吹上天的 MBA 现在已经不那么值钱了。更何况高级管理人员不是单单靠读书就能读出来的，经验往往才是老板真正看重的。

直到这个时候，王显才感觉自己陷入到了一个万分尴尬的境地，他背负着压力，夜不能寐。其实，王显根本不了解自己到底能够做什么，而且他的欲望已经超越了自己的实际能力，所以最后的结果就是王显被生活打败了。

对于我们每一个人来说，无论高低贵贱、贫富美丑，最难能可贵的就是知道自己真正需要的是什么，真正追求的是什么，能够为自己的人生树立正确的人生目标，做出正确的选择，做自己生活的主人，这才是最重要的。

记得曾经有一位青年向一位禅师求教："大师，有人夸我是天才，将来一定能有一番作为；也有人说我是笨蛋，一辈子都不会多有出息。那么您看我呢？""你是如何看待自己的？"禅师反问，结果这位青年一脸茫然，无奈地摇摇头。

禅师继续说道："就好像同样是一斤米，用不同的眼光去看，它的价值也就会变得不同。在主妇的眼中，它只不过是能够做三五碗米饭而已；在农民眼中，它最多值一元多钱；在味精厂家眼中，它能够提炼出味精；在制酒商看来，它能够酿成美酒。不过说到底，一斤米终归还是那一斤米。"禅师顿了顿，接着说："同样是一个人，有的人将你抬得很高，那么自然也有人把你贬得很低，其实，你就是你。你以后到底有没有出息，有没有价值，这些归根结底都取决于你自己。"这位青年听完之后，茅塞顿开。

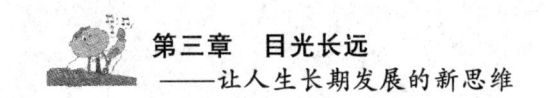

第三章 目光长远
——让人生长期发展的新思维

在我们的生活当中，你应该清楚地知道哪些东西适合你，你适合做什么。你应该懂得，**成功的最佳目标不是最有价值的那个，而是最有可能实现的，最适合自己的那个**。如果一个人不能切合自己的实际设定人生目标，妄想着爬到山上摘月亮，那么他怎么可能成功呢？成功对于他永远都是痴心妄想。

思维小练习

桌子分别是什么价格

一个家具店里有3种桌子，其价格分别如下：

（1）它们的单价各不相同；

（2）它们的单价加起来总共4000元；

（3）第二种桌子比第一种桌子便宜400元；

（4）第三种桌子的单价是第二种的2倍。

那么这3种桌子的单价各是多少？

答：第一种桌子的单价是1300元，第二种桌子的单价是900元，第三种桌子的单价是1800元。假设第一种桌子的价格减少400元，那么，第一种桌子就与第二种桌子的价格相同了，这时，将总价格减少400元，就变成3600元了，3600元是4个第二种桌子的总价格。3600÷4＝900元，900×2＝1800元，900＋400＝1300元。

锁定目标，直到成功

我们每个人只要锁定目标，并且有一个顽强的毅力去努力行动，那么就能够获得成功。

北京新东方学校的校长俞敏洪把自己的奋斗历程写成了一本书，让我们看到了他的成长经历。

在俞敏洪年少的时候，他就充满了梦想，后来终于通过自己的努力考入了北京大学的外语系。结果在到校的第一天，因为对《第三帝国的灭亡》不了解，而遭到别人的耻笑。这也是俞敏洪第一次尝到了被人侮辱的滋味，从此之后他就开始了刻苦求学的历程，最后由于他的优秀，被留校任教。

如果这一切都很平常地过去，或许俞敏洪会当上教授，过一种平稳的生活。可是生活再一次向他开了一个天大的玩笑，他"被北大踹出了门"。

因为经济非常穷困，俞敏洪和其他人一样在外面的补习班开始找兼职，赚一些生活费。

但是那个时候，北大是不允许的。后来，俞敏洪从北大操场的台子上得到了令他震惊的处罚，而那个台子也让他永远无法忘记。

记得当时，有人拿着一个喇叭宣布了令俞敏洪无法接受的消息。而且是在没有人找他谈话，没有任何准备的情况下得知的，就好像是一个晴天霹雳，把他击垮了，他的名誉也因此受到损害。

当时对于俞敏洪而言，他一直觉得自己是个边缘人，只是一个站在众人中的观众而已。假如俞敏洪默默地承受了一切，忍受它，让时光来冲淡这一切，或许他会平稳地生活。但是**自卑感强的人更有着强烈的自尊感**。

后来，俞敏洪断然辞去了北大的工作，决定走自己的路。直到现在，他讲演的时候都会提到他的北大经历，这不是他的仇恨，而是感谢。

当俞敏洪离开那赖以生存的10平方米宿舍，没有人和他交谈，也没有人劝他，他就这样悄悄地走了。

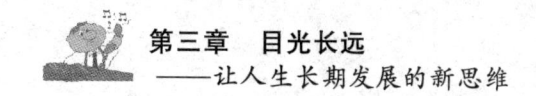

第三章　目光长远
——让人生长期发展的新思维

如今，俞敏洪办成了一个民办的新东方培训学校，而且规模之大让我们难以想象。他当初没有资产，没有人脉，靠的只是他的闯劲和自立。

说到底，俞敏洪之所以能够获得成功，就是因为他自尊、自立、自强。

如果我们生活中没有目标，就好像轮船没有罗盘针而航行。当一个人不知道他的下一步应该去做什么的时候，他往往是颓废的。

我们在做学生的时候可能都有过这样的体验，在上学的时候，我们盼望着放假，可是真正等寒暑假到来的时候，我们却又觉得很无聊，整天无所事事。如果我们每个人的心中都有一份计划的话，那么日子便不会过得如此空虚无聊了。

所以说，**人不可以没有目标**。无论是大目标，还是小目标，只要有前进的动力和希望，我们的人生才能够有意义。

目标就是在黑暗中闪亮的航标灯，指引着我们朝着正确的方向努力前进。**但是我们的目标也不能是一个美丽而又充满幻想的肥皂泡，一定要是现实的**，否则目标就成了空想。

伟大的革命导师列宁说过："要向大的目标走去，就得从小的目标开始。"是的，当小的目标一个一个实现的时候，我们的自信心就会增强，自己就能够脚踏实地，为实现最终的目标而踏踏实实地前进。

思维小练习

重获新生的死刑犯

一天，国王对一个判了死刑的犯人说："想让我饶你不死可以，但你要答对一道题，如果你能答上来，我就饶你不死。"说着国王在纸上用笔划了一条线，然后对犯人说："不许把这条线截断，但是你要把这条线变短。"

这可是个难题，试问，他怎么才能逃过这一劫呢？

答：犯人立刻在那条线下面划了一条更长的线，说："国王请看，现在您的一条线比这条线短了。"国王看后无言以对，只好宣布将他无罪释放了。

完美计划，成就梦想

大家熟知的比尔·盖茨从小就有着非凡的抱负和志向。他曾经对自己的好友卡尔·爱德蒙德说："与其做一棵草坪里的小草，还不如成为一株耸立于秃丘上的橡树。因为小草千篇一律，毫无个性，而橡树则高大挺拔，昂首苍穹。"

在比尔·盖茨很小的时候，他身上就具有了一种执著的性格和强烈的进取精神。不管是演奏乐器，还是写作文，或者是参加体育竞赛，比尔·盖茨都能够倾其全力，花上所有的时间去出色地完成任务。

记得有一次老师布置了四五页篇幅的作文，结果比尔·盖茨却能够钻进父亲的书房仔细研读了很多方面的专业书籍，并且洋洋洒洒写出了30多页的作文；在比尔·盖茨参加童子军期间，有一次要进行80公里的徒步行军，尽管他已经磨破了双脚，却还能够咬紧牙关，坚持前行。

"有非凡志向，才有非凡成就。"作为一个孩子，比尔·盖茨能够有如此强烈的进取精神以及坚强的意志和忍耐力，真的是非常不容易的。

后来，比尔·盖茨的好友爱德蒙德说："比尔·盖茨不管做什么事，不达到极致，他决不甘心。不管他做什么，都要比别人做得更好，要达到最好。"也正是这种天生要强、尽所能把每一件事都做到近乎完美的

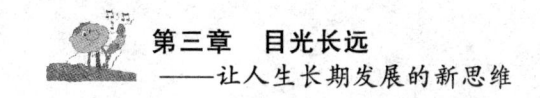

第三章 目光长远
—— 让人生长期发展的新思维

态度,支持着比尔·盖茨一步步走向成功。

我们每个人都应该有一个较高的目标,这样就是常说的志存高远。一个家境不好的人,如果能够把人生目标定得高一些,那么他也许就会成为一个高贵的人。可如果是一个家境好的人,但是他胸无大志,他也可能会变成一个庸俗的人。

一个鼠目寸光的人,绝不会有什么大的作为;而一个志存高远的人,肯定不会毫无出息。

我们每个人所能够取得的成就,往往会比自己的理想要小一些,所以当我们在设计自己的未来的时候,一定要把目光放得长远一些。

其实对于这一点,孔子早就说过:"取乎其上,得乎其中;取乎其中,得乎其下;取乎其下,则无所得矣。"

一个人自信心的大小,就决定了他理想的大小;而一个人理想的大小,又会决定他成就的大小。

记得美国前任总统克林顿在他17岁的时候以第一名的优异成绩毕业,当时获得了美国白宫青年奖章,能够有机会到白宫去拜见美国总统肯尼迪。结果在回到家之后,克林顿马上在书店里买了两张画,一张画的是白宫,而另一张则是美国国会,并将两张画贴在自己的房间里,而且还写下自己一生的成功誓言:"克林顿今年17岁,发誓这一生一定要做到美国总统,来服务美国的民众,住进白宫。要做总统,就要先当选国会议员,然后培养在全国的知名度,才有能力去当总统。"

完美的计划,成就伟大的人生。一个人现在拥有什么并不重要,重要的是想拥有什么,以及如何通过自己的努力去获得这些。

英国伟大的政治家迪斯累里曾说过一句至理名言:"请以伟大的思想来滋养心灵,因为你的成就永不会超过你所想的。"所以,要有做大事的勇气。我们很多人之所以一生平庸,就是因为我们大多数人的想法非常贫瘠，计划不够完美，为此我们所得的结果自然也是微不足道了。

我们每个人的一生，成就绝不会超过自己所想的，只有计划完美，志存高远才能够成就辉煌，而燕雀之志在鸿鹄眼中仅仅是小打小闹而已。

思维小练习

一笔并不糊涂的账

商店里的汽水 1 元钱 1 瓶，喝完后两个空瓶可以再换 1 瓶汽水，试想一下如果你用 20 元钱买汽水，最多可以喝到几瓶汽水？

答案：我们可以用推理的方法来计算。首先 20 元钱买 20 瓶汽水是没问题的，再用 20 个空瓶子换 10 瓶汽水；喝完后再用这 10 个空瓶子换 5 瓶汽水，接着把 5 瓶分成 4 瓶和 1 瓶，前 4 个空瓶再换 2 瓶，喝完后 2 瓶再换 1 瓶；此时喝完后手头上剩余的空瓶数为 2 个，把这 2 个瓶换 1 瓶继续喝，喝完后把这 1 个空瓶换 1 瓶汽水，再喝完换来的那瓶后，再把空瓶子还给人家就可以了，以此推算最多可以喝的汽水数量为 40 瓶。整理成公式就是：$20 + 10 + 5 + 2 + 1 + 1 + 1 = 40$

将热忱注入你的目标

在许多年之前，有一个妙龄少女来到东京的帝国酒店当服务员，这是她进入社会的第一份工作，这也就意味着她迈出了自己人生的第一步。所以，这位少女非常激动，暗下决心：一定要好好干！

可是令她想不到的是，上司居然安排她去清洗厕所。

洗厕所，这可是一个没有人愿意干的脏活，而上司居然把这份工作

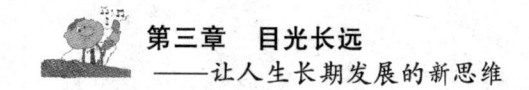

第三章　目光长远
——让人生长期发展的新思维

安排给一个细皮嫩肉、喜欢干净的妙龄少女，更何况她还从来没有干过粗重的活，她到底能做的了吗？

在刚开始的时候，洗厕所在视觉、嗅觉以及体力上都让这位少女难以接受，心理暗示的作用更让她无法承受。特别是当她用自己白皙细嫩的手拿着抹布伸进马桶的时候，胃里就开始翻江倒海了，恶心得想要呕吐却又呕吐不出来，实在是太难受了。但是上司对她的工作质量又是非常严格的：必须把马桶抹洗得光洁如新！

她当然清楚光洁如新是指的什么，她也知道自己根本就不能够适应洗厕所这一份工作，因为她真的无法做到上司所要求的光洁如新这一高标准的质量要求。所以，这位少女慢慢就陷入了困惑和苦恼之中，也哭过鼻子。

这个时候，她面临着人生的选择：是继续做下去，还是另谋职业？

如果继续干下去，那实在是太难了！而另谋职业，知难而退？可是人生的第一份工作岂能够打退堂鼓呢？而且她也不甘心自己就这样败下阵来，因为她这个时候想起了自己刚来这里所下过的决心：人生第一步一定要走好，马虎不得！

就在这个关键时刻，同单位的一位前辈及时出现在她的面前，帮她摆脱了困惑和苦恼，更为重要的是帮助她认清了自己的人生道路应该如何去走。这个人并没有用空洞的理论进行说教，只是亲自做了一个示范给她看了一遍。

首先，他一遍遍地抹洗着马桶，直到抹洗得光洁如新。然后，他居然从马桶里面盛了一杯水，一饮而尽，而且看不出一点勉强。

俗话说："实际行动胜过万语千言"。他正是用自己的行动告诉了这位少女一个极为朴素、简单的真理：光洁如新，要点在于新，新则不脏。

同时，他送给这位少女一个含蓄而富有深意的微笑。这些对于这位少女来说已经够用了，因为她早就激动得几乎不能自持，从身体到灵魂都在震颤。她从此痛下决心：就算一生洗厕所，也要做一名洗厕所最出色的人。

之后，这位少女就成为一个振奋的人，而她的工作质量也达到了这位前辈的高水平，她自己也曾经多次喝过厕所的水，她之所以这么做，就是为了检验自己的自信心，为了证明自己的工作质量，更是为了强化自己的敬业心。

从此之后，这位少女非常出色地走出了人生的第一步，踏上了成功之路。后来，她成为日本政府的主要官员——邮政大臣，她的名字叫野田圣子。

俗话说："三百六十行，行行出状元。"在实际生活中，像野田圣子这样获得成功的人还有很多，他们之所以能够获得别人无法企及的成就，就是因为他们有一种热忱的态度，能够在最平凡的岗位上坚守着一个梦想：要做就做最好的。

的确，只有做到最好，才更容易获得别人的承认和社会的肯定。当我们身处复杂的社会中，人们总是喜欢承认那些最优秀的人，所以，你希望得到别人的肯定，得到社会的承认，那么必须把自己的热忱浸入做事当中，用最好的成绩、最好的表现来达成自己所渴望的目标。

思维小练习

耗油造成的损失

在英国，本国制造的汽车的平均耗油量是每21.5英里一加仑，而进口汽车的平均耗油量则是30.5英里一加仑。显然，英国车的买主在汽油上的花费要远远高于进口汽车的买主。因此，英国的汽车工业在和外国汽车制造商的竞争中将失去很大一部分国内市场。

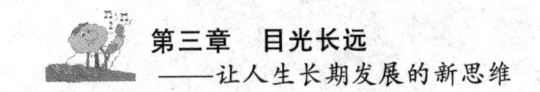

上述论证基于以下哪项假设?

A. 英国制造的汽车和进口汽车的价格性能比大致相同。

B. 汽车在使用过程中的花费是买主在购买汽车时的主要考虑因素之一。

C. 英国汽油的价格成上涨趋势。

D. 英国汽车的最高时速要高于进口汽车。

E. 目前在英国国内,国产汽车的销售要优于进口汽车。

答案:选 B。使用中的花费和购买意愿必须建立起联系。

选择一条适合自己的路

我们每个人的人生都是一段有着优美风景的旅程,因为我们每个人都在开辟一条属于自己的路。不管这条道路是柳荫匝地还是落英缤纷,唯有选择一条适合自己的路,才是最好的路。

有这样一则小故事,说有一天小兔子、小松鼠和一群小动物准备一起学游泳,结果小兔子和小松鼠怎么学都学不会,为此非常难过。这个时候思想家仙鹤说:"生存需要的本领不只一种,兔子学不了游泳可以学习打洞;松鼠学不了游泳可以学习爬树。"

其实这个小寓言当中就隐藏着人生的大道理。正如仙鹤所说,人生的发展方向、生存本领并不仅仅是一种,我们为什么一定要一条路走到黑呢?

只有适合自己的路,才是最好的路。而我们也只有客观地认识自己,对自己有一个正确的把握与定位,才能够选择一条适合自己的道路。

伟大的古罗马诗人奥维德也说过:"认识自己,找准自己的位置,是生命焕发光彩的前提。"

我们大家熟知的著名演员蒋雯丽就为自己选择了一条正确而辉煌的人生之路。

蒋雯丽从小就是一个活泼爱动的女孩子,而且特别喜欢体操,但是因为她的体质不好,在市体操队练了5年,也没能转为正式的体操队员。

后来,蒋雯丽又想成为一名作家,可是由于受到自身文学基础和生活环境所限,她一直也找不到什么好的写作题材,自然也就没有获得什么成就。

但是蒋雯丽经过对自己的客观认识之后,毅然选择了演员这条路,而且还发挥出了自己的特长,一下子就成为闪耀的明星。

蒋雯丽曾经练体操和作家的梦想,不正是像那小兔子、小松鼠学习游泳的经历吗?也许当我们做一件事情无法成功的时候,不是你没有付出努力,可能是因为那不是适合自己的道路而已!

有的人说坚持到底就一定能够成功,而这有一个前提就是建立在你选对道路的基础之上。如果你一开始就选择了一条不适合自己的道路,那么你的坚持到底不是与自己的成功目标越来越远了吗?哪怕到时候你再有毅力、再有精神,也只能眼睁睁地看着自己离成功越走越远。

有一个农村的年轻人,从小就非常喜欢写作,曾经写了一篇文章寄给陈忠实点评。那是一篇非常平庸的文章,但是陈忠实却出于友好和礼貌鼓励了年轻人。

之后,这个年轻人在受到陈忠实的鼓舞,毅然放弃了农耕,把自己的全部热忱投入到了写作生涯中,可是到头来却一生平庸,默默无名,穷困潦倒。

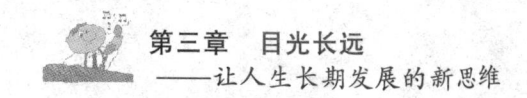

第三章 目光长远
——让人生长期发展的新思维

后来，陈忠实听说了这件事，不觉扼腕叹息。

我们难道说这位年轻人没有付出努力吗？当然不是，关键就在于他没有认清自己，没有选择一条适合自己的道路，才导致了他一生碌碌无为。

古人云："三百六十行，行行出状元。"在我们现实生活中不知道有多少实例可以证明，只有适合自己的道路，才是最好的路。

例如，比尔·盖茨中途退出哈佛大学，创立微软；张朝阳自主建立了搜狐网；鲁迅弃医从文，最后成为中国人精神的脊梁等，他们之所以有这些成就，就在于选择了适合自己的路。

华兹华斯曾说过："适合自己的生活才是美好而诗意的。"同样的道路，只有适合自己的道路才能够充满阳光和风景。

当然，在这条适合自己的道路上也会有崎岖坎坷，但是我们不要怕，因为我们已经为自己选择了一条正确而适合自己的路，这个时候只要你勇敢地拼搏，就一定能够让自己活出一个精彩灿烂的人生。

思维小练习

两对双胞胎

在老北京胡同的一个大杂院里，一直住着4户人家，而且非常凑巧的是，这4户人家每家都有一对双胞胎男孩。这4对双胞胎中，哥哥分别是ABCD，弟弟分别是abcd。一天，一对外国游人夫妇来到这个大杂院里，看到他们8个，忍不住问："你们谁和谁是一家的啊？"

B 说："C的弟弟是d。"

C 说："D的弟弟不是c。"

A 说："B的弟弟不是a。"

D 说："他们3个人中只有d的哥哥说的是事实。"

如果 D 的话是真话，你能猜出谁和谁是双胞胎吗？

答：假设 B 说的是事实，则 C 就是 d 的哥哥，按 D 的依据就是 C 也为真，那么出现有两个人说的是事实，与题意矛盾，所以 B 说的不是事实，同时也知道 C 不是 d 的哥哥，则 BC 的话都是假的，所以只有 A 说的是真话，则 A 就是 d 的哥哥，A 说 B 的弟弟不是 a，又不可能是 d，所以 B 的弟弟只可能是 b 或 c，根据 C 的假话知道 D 的弟弟就是 c，B 的弟弟就是 b，最后 C 的弟弟就是 a。

自己做主，不被他人左右

当一个人处于困境的时候，只有自己能够使自己摆脱困境，也只有自己能够救自己，因为我们自己才是自己的救世主。

俗话说："人生苦短，不如意的事情十之八九。"其实，当你身处困境的时候，你才会发现最可靠的救世主就是你自己，这也是人生的真谛，不容置疑。

曾经有这么一个人，他把自己多年的积蓄以及全部财产都投资到了一种小型的制造业上。

结果由于对变化无常的市场把握不当，再加上前几年原料价格不断上涨等各方面的原因，最后他的企业垮掉了。

而且这个时候，他的妻子又失业了。生活中各种不如意的事情都砸向了他，他处于绝境之中，他对自己的失败、对自己的这些损失更是无法忘怀，毕竟这些是他花费了半辈子的心血和汗水才得到的。甚至有好几次，他都有跳楼自杀的想法。

结果一次偶然的机会，他看到了一本名叫《怎样走出失败》的旧

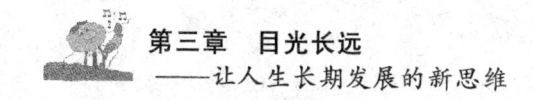

第三章 目光长远
——让人生长期发展的新思维

书,这本书给他带来了生的希望和重新振作的勇气,他当时就下定决心一定要找到这本书的作者,希望作者能够帮助他重新振作起来。

后来,当他找到这本书的作者之后,对作者倾诉了自己的遭遇,那位作者却对他说:"我已经非常有兴趣地听完了你的故事,我也很是同情你的遭遇,但是事实上,我真的无能为力,一点忙也帮不上。"

听完作者的话,他的脸色立刻变得苍白,他低下了头,嘴里喃喃自语:"这下子可怎么办呢?谁可以帮助我?难道真的是一点指望都没有了。"那本书的作者过了一会儿对他说:"虽然我无能为力,但是我可以让你见一个人,他一定能够帮助你东山再起。"

他激动地立刻跳了起来,紧紧抓住作者的手,说:"看在老天爷的分上,请你立刻带我去见他。"

作者站起身来,把他领到了自己家里的穿衣镜面前,用手指着镜子说:"这个人就是我要介绍给你的人。在这个世界上,也只有这个人能够让你东山再起了。而且你现在必须坐下来冷静而彻底地认识这个人,不然的话,你真的很难成功了。因为在你对这个人没有充分认识之前,对于你自己或者是这个世界来说,你是无法充分认识到自己的价值的。"

于是他站在镜子面前,认真地看着,看着镜子里面那个满脸胡须的人,看着看着他居然哭了起来。

几个月之后,作者在大街上又碰见了这个人,而这一次作者几乎认不出来了。他的脸不再是几十天没刮的样子,脚步也变得非常轻快,头抬得高高的,穿着更是焕然一新,完全是一个成功者的姿态。

之后他对作者说:"那一天我离开你家的时候,只是一个刚刚破产的失败者。我对着镜子终于找回了自信。现在我又找到一份收入非常不错的工作,而且我的妻子也重新找到工作,薪水也很可观。我想用不了几年,我就会东山再起。"

而且他还非常风趣地对作者说:"也许再过几年,我会再来找你,这一次会给你一份报酬，你应得的报酬，因为正是你介绍我认识了我自己，让我对自己的人生又充满了信心。"

当一个人身处困境的时候，肯定希望能有一个人来帮助自己走出困境，这其实也是可以理解的。而且，在现实生活中也确实存在着在你最困难的时候将你从困境中解救出来的贵人，但是，这一切都有一个前提，那就是必须建立在你有信心而且努力进行自救的基础上。不然的话，即使是万能的上帝，当他面对一个已经彻底放弃、对自己失去信心的人，也是无可奈何的。

思维小练习

作案者的话

关于某案件的作案者有以下猜测：

（1）如果小明是作案者，则小刚肯定是作案者。（2）小明是作案者。（3）小明或小强是作案者。（4）小王是作案者。

已知，作案者肯定是小明、小刚、小强、小王中的一人或多人，同时知道上述4个猜测中只对了一个。则以下哪项正确？

A. 小明是作案者，其他人不是。

B. 小刚是作案者，其他人不是。

C. 小强是作案者，其他人不是。

D. 小王是作案者，其他人不是。

E. 可以确定4人中有两人作案，但无法确定具体是谁作案。

答案：选B。小明不能作案，所以第一句话为真，这样可以得到小明、小强、小王都没有作案。

第三章 目光长远
——让人生长期发展的新思维

了解自己的性格优势

我们很多人明明自己的性格当中潜藏着巨大的天赋，可是却视而不见，不想着了解自己的性格，却要拼命地去进行改变，结果，毁掉了自己的性格和天赋，甚至一辈子一事无成。我们千万不要为了自己的性格而烦恼，更不要去毁坏自己的性格，而你现在所要做的事情就是发现它的优势。

在19世纪末，有一个男孩出生在布拉格一个贫困的犹太人家里。随着男孩慢慢长大，人们发现他虽然是一个男孩，可是身上却没有半点男子汉的气概。

这个男孩的性格很内向、懦弱，心态悲观，一天到晚总是觉得身边很多人都会对他产生压迫和威胁。所以，小男孩的防范和躲避心理很强。

为此，男孩的父亲希望把他培养成为一个标准的男子汉，希望他能够具有坚强不屈、刚毅勇敢的性格。

可是，小男孩在父亲粗暴而严厉的培养下，他的性格不仅没有变得刚强起来，反而更加的懦弱和自卑，甚至最后小男孩已经从根本上丧失了对生活的信心。

就这样，他在恐慌和痛苦中长大，他经常会独自一人躲在角落里，总是不敢面对生活，因为他会担心又有什么样的伤害降落到自己身上。

现在看来，这个小男孩已经无可救药了，简直没出息到极点。对于这样的孩子，你能够让他去当兵、去冲锋陷阵、去做元帅吗？当然是不可能的，可能部队还没有开拔，他也许就已当逃兵了。

可是，我们最后谁也想不到，正是这个小男孩，最后成为世界上最伟大的文学家，他就是卡夫卡。

为什么会这样呢？原因其实很简单，就在于卡夫卡找到了适合自己的道路，找到了和自己性格相吻合的职业。

一般来说，对于性格内向、懦弱的人，他们的内心世界往往是非常丰富的，他们能够敏锐地感受到一些别人感受不到的东西。

看起来，性格内向的人在外部世界是懦夫，是精神世界的国王。同样的道理，性格内向的人如果选择了做军人、政客、律师，那么等于他就选择了做懦夫；可是如果他能够选择精神领域的职业，那么，他就选择了做"国王"，做强者。

而卡夫卡正是通过了解自己的性格优势，选择了后者，以至于后来卡夫卡在文学创作的领域里纵横驰骋。

当卡夫卡进入这个为自己所营造的艺术王国之中，他的懦弱、悲观、消极等一系列弱点反而成为他对生活和人生的希望，也让他对生活和人生有了更加尖锐、敏感和深刻的认识。

特别是卡夫卡以自己在生活中受到的种种压抑和苦闷作为题材，开创了一个文学史上全新的艺术流派——意识流。而在他的作品当中，把荒诞的世界、扭曲的观念、变形的人格，重新给我们进行一次全新的剖析，使我们对现代文明有了更深刻的认识，也对人生和命运有了更沉重的反省。

回想一下，如果卡夫卡当初听从自己父亲的安排，去做一名律师，那么他无疑无法有今天这么高的成就，那么人世间也就少了许多不朽的传世巨著。

你能做什么，是上苍决定的；去不去做，是你自己决定的。如果你做了上苍愿意让你去做的事情，那么等于你已经走上了成功的康庄大

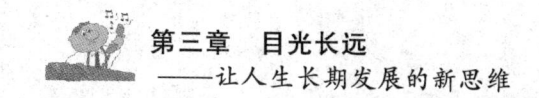

第三章 目光长远
——让人生长期发展的新思维

道。因为上苍为我们每个人带来了不同的性格和天赋；如果你对于上苍赐予自己的性格和天赋不屑一顾，执意去做别的事情，那么上苍也别无选择，到最后你也只能去品尝失败的苦果。

俗话说："**成也性格，败也性格。**"其实，一个人能否成功的关键并不在于受到了什么程度的教育，也不在于工作经验是否丰富。

一个人能否成功，关键就在于能否准确了解并充分发挥自我的性格优势与天赋，因为你要记住，**性格是一把能开启你成功大门的钥匙。**

思维小练习

走哪条路？

有一个外地人有一天路过一个小镇，这个时候天色已经晚了，于是他便去投宿。当他来到一个十字路口的时候，他能够确定肯定有一条路是通向宾馆的，但是路口却并没有任何标记，只有3个标识牌。

只见在第一个标识牌上写着：这条路上有宾馆。第二个标识牌上写着：这条路上没有宾馆。第三个标识牌上写着：那两个标识牌有一个写的是真的，另一个写的是假的。

如果你现在就是这个投宿的人，按照第三个标识牌的话为依据，你觉得你会找到宾馆吗？如果可以，哪条路上有宾馆，哪条路上没有宾馆？

答：假设第一个标识牌是正确的，那么第一个标识牌所在的路上就有宾馆，第二条路上就没有宾馆，第二句话就该是真的，结果就有两句真话了；假设第二句话是正确的，那么第一句话就是假的，第一、二条路上都没有宾馆，所以走第三条路，并且符合第三句所说，第一句是错误的，第二句是正确的。

性格决定命运

　　性格是一个人在对人、对事的态度以及行为方式上所表现出来的一种心理特点。不良的性格往往会使人的命运多舛，而具有良好性格的人，他们的人生一般都是非常地辉煌的。

　　当代著名女作家冰心，一生淡泊名利，在生活上崇尚简朴，不奢求过高的物质享受。而那些文坛上无谓的争斗都与她无关，她在平和的环境中与人相处，在微笑中进行着勤奋写作。她的身体非常健康，事业也很辉煌，而这一切都得益于她开朗而豁达的性格。

　　苏格拉底也是一位我们大家熟知的，具有宽容性格的伟大哲人。可是苏格拉底的妻子却心胸狭隘，整天唠唠叨叨，动不动就对苏格拉底恶语相加。

　　结果有一次，在她大发雷霆之后，又朝着苏格拉底的头上泼了一盆冷水，没想到苏格拉底却满不在乎地说："雷鸣之后，免不了一场大雨。"

　　那么，苏格拉底到底为什么娶了这样的妻子呢？据说，他就是为了净化自己的精神，磨炼自己豁达、大度的性格。

　　而一个人之所以具有良好的性格，一般都是因为各种各样的无形的影响而塑造形成的。在我们的一生当中，可能会遇到许多的不幸，许多的疾患，这些其实都与性格息息相关。我们虽然不能控制自己先天的遗传因素，但是却能够掌握和改变自己的性格，因为我们每个人都可以拯救自己、塑造自己、光扬自己、驾驭自己。

　　俗话说："可敬之人必有可爱之处，可怜之人必有可恨之处。"其

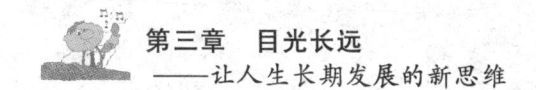

第三章 目光长远
——让人生长期发展的新思维

实说到底，凡可爱与可怜之处都是来自于人的性格因素。

一个人具有什么样的性格，往往就有什么样的命运，人生的成败、顺境与逆境无不与性格有着密切的关系。好的性格，能屈能伸，知进知退，更容易获得成功，而且也经得起挫折和失败，正所谓：赢得起也输得起。

韩信曾经忍受街头混混的胯下之辱，在自己功成名就之后，不但没有进行报复，反而对那个小混混进行了赏赐，还封了个小官。这样的气度襟怀，足以让我们每一个人钦佩，难怪当初萧何慧眼识珠，月下追韩信。

《三国演义》里的周公瑾，也是一个文武双全、风流倜傥的人，他在赤壁大战中击溃了不可一世的曹操的百万大军，但是最后却因为心胸狭隘，容不下一个诸葛亮吐血而亡，英年早逝，真是可惜。

所以，我们可以实事求是地说："**成也性格，败也性格。**"正是因为每个人不同的性格，也才让有的人成就不世之功，而也让有的人功败垂成。

可见，打造一个好的性格这是我们生命当中的重中之重。因为拥有良好性格的人，能够做到不计较一城一池的得失，得之淡然，失之泰然，必能成就大事。

拥有好的性格的人，也一定会为人宽厚，与人为善，正所谓"得道者多助"，不仅能够得到人助，而且天也助。

拥有好的性格的人，能够看轻身外之物，不以物喜，不以己悲，得意时淡然，失意时坦然，宁静致远，潜心谋划自己的事业与人生。

宋代大诗人苏东坡有诗云："人生到处知何似，应似飞鸿踏雪泥。泥上偶然留指爪，鸿飞那复计东西。"

在这首诗中，自有苍凉的感慨，也有狂癫的况味，还有诗情的体悟，看开的洒脱。锱铢比较、蝇营狗苟之辈，就是因为心中容不下芥蒂之物，必然是利欲熏心，狂躁不已，到头来不是因小失大，就是处处碰壁，所以，要想有一个顺畅而成功的人生，就一定要具有良好的性格，拥有了良好的性格，就是拥有了做人做事的牢固根基。

思维小练习

吊在梁上的人

在一天早上，一家酒吧的服务员在上班的时候听到顶楼传来了呼叫声。于是，一名服务员立即跑到顶楼，发现领班的腰部束了一根绳子被吊在顶梁上。而这个领班对服务员说："快点把我放下来，去叫警察，我们被抢劫了。"

之后，这个领班把事情经过告诉了警察："昨天夜里酒吧停止营业之后，我正准备关门，结果就有两个强盗冲了进来，把钱都抢去了。然后他们把我带到了顶楼，用绳子将我吊在梁上。"警察对他说的话并没有产生怀疑，因为顶楼的房里确实是空无一人，他也无法把自己吊在那么高的梁上，地上也没有可以垫脚的东西。有一部梯子曾被盗贼用过，但它却放在门外。

可是，警察发现，这个领班被吊的位置的地面上有一些潮湿。没过多长时间，警察就发现这个领班其实就是偷盗的人。现在请你想一想，在没有别人帮助的情况下，这个领班是如何把自己吊在顶梁上的？

答案： 他是这样做的：他利用梯子把绳子的一头系在顶梁上，然后把梯子移到了门外。然后他从冷藏库里托出一块巨大的冰块带到顶楼。他立在冰块上，用绳子把自己系好，然后等时间。第二天当服务员发现他的时候，冰块已完全都融化了，这个领班就被吊在半空中。

第四章 事半功倍
——用小努力换取大回报的新思维

勤奋就一定会成功吗

在我们的生活中，勤劳总是与责任息息相关，一个有责任心、使命感的人往往也是勤劳的。可是你有没有想过，勤奋真的能够为你带来成功吗？

在现实生活或者工作中，很多人总是以"勤劳"作为借口，逃避自己的责任。他们经常会用"勤奋"来为自己的错误找借口。假如你遇到这样的人，你往往是不忍心揭穿他们的，因为他们在平时总是非常努力，就算他们的工作任务不能按时完成，但是他们也没有辜负你对他们的希望，看起来他们已经"尽力"了。

李刚是一家食品公司的主管，他的待遇和福利相当不错，但是他一年当中除了春节假期之外，几乎没有休过假。他的朋友非常不理解，总是认为李刚公司的老板太黑心了，把员工都当成了机器人，所以朋友们建议老李应该和老板去谈谈。可是，老李却不这么认为，因为他对待自己的工作已经达到了废寝忘食的地步。

作为公司的老板自然能够看出老李对工作非常勤奋，也知道他几乎把自己所有的时间都用在了工作上，所以有的时候也会强迫他休假。于是，有一天老板给了老李一个月的假期和两张去新加坡的往返机票，希望他能暂时放下工作，好好地出国去放松放松。

老李对于老板的举动虽然非常感动，但是他并没有接受老板的好意。老李对老板说："您的一番美意我心领了，但是如果我不工作的话，就会感到空虚和有一种负罪感，所以，您如果真的让我休息一个月，我实在是受不了。"

第四章　事半功倍
——用小努力换取大回报的新思维

以普通人的眼光来看，老李处处为公司着想，算得上一个好员工，可是老李的朋友却骂他傻，认为他不理解老板的好意肯定是另有隐情。老李扫了一眼周围的朋友，然后有点神秘地对大家说："其实我真正担心的并不是公司的业绩会下降，而是在我一个月的休假期间，公司的业绩不降反升，那么这不就说明了公司发展不好都是我的责任吗？更何况我是主管，这不就等于自己断了自己的后路吗？"

朋友们恍然大悟，原来老李如此卖命，只是想掩饰自己的无能与平庸，为自己寻找逃避责任的借口。

也许这个例子有一些极端，但是仔细想想，我们何不也是这样的心理，只是表现的程度不同罢了。

记得有人说过这样一段话："如果你有自己系鞋带的能力，你就有上天摘星的机会！"勤奋更容易让我们找借口，而我们只有与责任同行，才是真正的勤奋。

一个"勤奋"的人最常用的借口就是"我已经尽力了"，之所以这么说是因为他怕别人埋怨他不努力、没有尽力。可是，他做了这么多的努力，甚至比别人"勤奋"百倍，但是实际效果如何呢？不一定好。所以一个勤奋的人更重要的应该认识到光靠勤奋并不能在工作中获得成功，而重要的是工作的结果，这才是值得我们真正去关心的问题。因为你要明白，一个人即使付出了再多的努力，但是如果他没有把工作做好，那么又有什么用呢！

在我们每个人的心中应该有这样一条做人的原则：没有任何借口，没有任何抱怨，责任就是你一切行动的准则。

不管你做了多少，在人生中都不要找任何借口，哪怕自己失败了、做错了。因为再美妙的借口对于事情本身来说也没有丝毫的帮助。乔丹说过："我们必须把借口哲学——现在的情况我无法控制，改变为责任哲学。"而这也是他获得成功的秘诀。

著名的哲学家艾乐勃·赫巴德说："我对自己一向是个谜，为何人们用这么多的时间制造借口以掩饰他们的弱点，并且故意愚弄自己。如果用在正确的用途上，这些时间足够矫正这些弱点，那时便不需要借口了。"

事实上，**不为失败找借口就是为了给成功找到一个正确的方向。**我们承认，勤劳是一种美德，可是如果我们把勤奋当成是逃避责任的借口，那么"勤奋"也会成为一种恶习。

❓ 思维小练习

谁偷吃了水果和小食品呢？

尹思源买了一些水果和小食品准备去看望一个朋友，可是这些水果和小食品被她的儿子偷吃了，但是她不知道是哪个儿子。所以，尹思源非常生气，就盘问4个儿子谁偷吃了水果和小食品。

老大说："是老二吃的。"老二说："是老四偷吃的。"老三说："反正我没有偷吃。"老四说："老二在说谎。"在这4个儿子中只有一个人说了实话，其他3个人都在撒谎。那么，到底是谁偷吃了这些水果和小食品呢？

答：是老三偷吃了水果和小食品，只有老四说了实话。如果分别假设老大、老二、老三、老四都说了实话，看是否与题意矛盾，就可以得出答案。

让自己成为不可或缺的人

在2001年的时候，一本《谁动了我的奶酪》的书畅销中国大陆，作者用生动形象的故事阐述了"变是唯一的不变"这一生活真谛，而

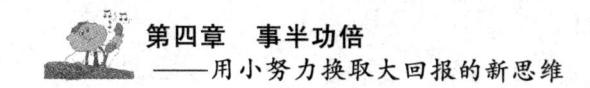

第四章　事半功倍
——用小努力换取大回报的新思维

且书中还为我们制造了一面社会普遍适用的镜子。

时过境迁，当时那本书所引起的轰动效应和曾经给读者带来的耳目一新的观念现在已经慢慢淡化了。不过在金融风暴愈演愈烈之时，更多的组织和个人的奶酪已经被无情地剥夺，这也成为不争的事实。

可能对于大多数人来说，如此之大的变化，触及这么深刻，是他们所没有想到的。大家对于未来会怎么样，已经难以做出一个清晰而准确的答案。

现如今，未雨绸缪，"降薪减员、共渡难关"已经成为当时许多公司、企业应对金融危机被迫所采取的一项带有共性的策略，也是在面对危机的时候，进行积极自救的一项必然举措，而由此也必然会触动企业中的某些个人的奶酪。

其实，面对降薪减员这样的一些调整和变化，一个公司中的大多数员工都能够用一种平和的职业人的心态去面对企业所做出的相关安排，也能够很好地反省自己，服从公司大局安排，从容地面对去留。

可是，在这样的过程中，也会时不时出现一些不和谐的音符来，有个别员工往往会用一些特别的方式来表达自己对于公司这种安排的不满情绪。

某分公司对一名经理级别的员工的工作进行了一下调动，结果这名员工不懂得反省自己为什么会被列为调整对象，反而还抛出一大堆公司负责人的问题来，到最后甚至不惜动用手中的客户资源对自己的领导群起而攻之，投诉邮件和电话满天飞，总部乃至集团的相关领导都知道了这件事情。

员工正当地反映自己上级领导在工作中存在问题，这本来属于正常行为，而且公司也会开设正常的沟通和反应渠道。

可是这位员工，偏偏在触动自己奶酪的这样一个敏感时段，打着

"为公司利益着想"的旗号，肆意夸大问题，甚至不择手段把公司的客户拉入其中，他的出发点首先就值得我们质疑，而且他这种做法本身就极大地损害了公司的信誉和形象。这种行为本身就已经触犯了作为一个职业人最基本的底线。我们试想想，如果你遇到一个为了个人利益而不惜触犯公司利益的员工，那么你会选择他吗？

而同样是面对调整，另一分公司的一位经理，也没有能够用正确的心态来审视自己工作中的不足，反而更多地抱怨组织决定的不公正。

他一方面四处寻求关系打招呼、说人情，另一方面通过外部对分公司领导进行人身攻击，甚至是威胁。

服从组织的决定是职业人的天职，有异议可以在服从的前提下通过正常渠道进行申诉，甚至还可以走法律途径。

每一家公司虽然非常重视各种内外的"人际关系"，但是关系本身是改变不了员工自己的工作绩效的，更不能改变一个成熟组织的审慎决定。

对于威胁，这本身就是一个危险的信号，如果稍有不慎就会触犯法律的准绳。**任何对法律精神挑战的行为终将受到法律本身的惩治。**

其实我们不妨这么想：调整自有调整的理由。员工个人的工作才干、绩效表现、发展潜质、对企业的忠诚度等这些都会成为调整时考虑的必要因素。面对大的调整环境，我们也大可不必人人自危。相信如果你是忠诚于自己的企业、凭自己的才干受到企业任用、能高效实现自己的绩效目标、能为企业的发展作出应有贡献的员工，你更应该感到高兴。因为越是在危机的状况下，越能够体现你的价值，而公司也需要一批像你这样的员工与企业患难与共。

第四章 事半功倍
—— 用小努力换取大回报的新思维

思维小练习

谁是冠军？

现在，电视台正在进行世界杯足球赛决赛的实况转播，参加决赛的国家有美国、德国、巴西、西班牙、英国、法国6个国家。足球迷的小李、小韩、小张对谁会获得此次世界杯的冠军进行了一番讨论：小韩认为，冠军不是美国就是德国；小张坚定地认为冠军决不是巴西；小李则认为，西班牙和法国都不可能取得冠军。比赛结束后，3人发现他们中只有一个人的看法是对的。那么哪个国家获得了冠军？

答： 先假设小韩正确，冠军不是美国就是德国；如果正确的话，不能否定小张的看法，所以小韩的评论是错误的，因此冠军不是美国或者德国；如果冠军是巴西的话，小韩的评论就是错误的，小张的评论也就是错误的。小李的评论就是正确的。假设法国是冠军，那么小李就说对了，同时小张也说对了，而这与"只有一个人的看法是对的"相矛盾。所以英国不可能是冠军，巴西获得了冠军。

80%的收益只需你20%的付出

在一般情况下，大的产出或者是报酬往往是由于一些不太重要的原因，以及少量的投入和努力而产生的。其实，**原因与结果、投入与产出，努力与报酬之间，常常会存在一种不平衡的现象。** 假如我们从数学方面来考虑这种不平衡，往往最后得到的是一个80:20的关系基准线，也就是说，**产出或报酬的80%取决于20%的投入或努力。**

在现实生活当中，有的人可能整天忙忙碌碌，但是却看不见他们获得过什么出色的成绩；而有的人并不如何忙碌，而且生活始终过的是轻

83

轻松松、有滋有味。同样是一天24小时的时间，为什么不同的人却有不同的效率和质量呢？

其实原因就在于那些整天忙碌的人在做事的时候总是希望得到得越多越好，总是想着自己一下子能够做成几件事。

正是这种追求面面俱到的想法，非常容易让我们拘泥于小事中而没有时间和精力正视大的事情，而得到的结果很有可能就是本末倒置，最终一事无成。所以，**当我们每一个人在做事的时候，一定要先弄清楚什么事情才是最重要的。**

伯利恒钢铁公司的总裁理查斯·舒瓦普，他在公司刚刚创建的时候，常常为自己和公司的低效率而犯愁，于是理查斯·舒瓦普向效率专家艾维·李请教。而艾维·李给他的建议则是："把你明天必须要做的最重要的工作记下来，并且按照重要程度编上号码。最重要的排在第一位，其余的依次类推。之后早晨一上班，马上从第一项工作做起，一直事情做完为止。然后用同样的方法对待第二项工作、第三项工作……直到你下班为止。即使你可能花费了一整天的时间才完成了第一项工作，但是这也没有什么关系，因为它是最重要的事情，所以你只需坚持做下去。而且你每一天都要坚持这样做，最后在你对这种方法起到的效果感到深信不疑的时候，叫你公司的人也这样做。"

就这样，在5年之后，伯利恒钢铁公司从一个鲜为人知的小钢铁厂，一跃发展成为最大的，而且不需要外援的钢铁生产企业。理查斯·舒瓦普更是成为一名举世闻名的钢铁大王。

记得哈佛商学院教授在教学过程中曾经给他的学生讲过一种很有效的做事方法：80：20法则。

也就是做任何工作，**如果能够按照价值的顺序进行排列，那么总价值的80%往往就来源于20%的项目。**更简单地说，就是如果我们能够

第四章　事半功倍
——用小努力换取大回报的新思维

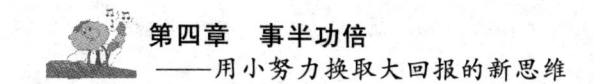

把自己所有必须做的事情，按照重要程度分为 10 项的话，那么我们只要能够把其中最重要的两项做好，其余的 8 项工作往往就可能自然而然地顺利完成了。

这其实也在告诉我们，如果我们要把手中的事情处理好，那么就要分清楚事情的轻重缓急，学会抛开那些无足轻重的 80%，能够勇敢舍弃一些细枝末节的小事，从而把自己的时间、精力完完全全集中到那些最有价值的 20% 中去，这是高效率做事的一个妙招，也是成功者们的法宝。如果你能够坚持这个原则，那么一定会给你的生活和工作带来意想不到的效果。

有的时候，当一个人把自己的全部精力用在处理最重要的工作或者事情的时候，应该把自己的注意力"封闭"起来。

因为这样的话，当我们在处理重要事情的时候，就不再会受到外界的干扰，而且也不会被其他一些无关轻重的事情分散精力。

可是反之，如果一个人在生活和工作中分不清轻重缓急，那么做事就会没有计划。不仅会浪费自己的许多宝贵时间，而且还会错过许多大好的机会，甚至会让我们的努力全部付诸东流。

思维小练习

分辨铁球和铅球

有两个大小及重量都相同的空心球，但是，这两个球的材料是完全不同的，一个是铁做的，一个是铅做的。然而，在这两个球的表面却涂了一模一样的油漆，现在要求在不破坏表面油漆的条件下用简易的方法指出哪个是铁的，哪个是铅的。你能分辨出来吗？

答案：用一样的力度在同一地方对两球进行旋转，两球重心到内壁中心距离不同，速度不同，旋转速度快的是铁球。

发现自己的长处

任何优势都是有变化性和比较性的。可能在刚开始的时候并没有多少优势，但是随着事物的发展，优势有可能变得多起来；现在是优势的，未来未必就是优势。

当然，任何优势又是有了比较才存在的，可能这个优势和一个人比是优势，但是和另一个人比就不是优势了；在一定范围内是优势，但是当范围扩大之后可能就不是优势了。

所以我们不仅要发现自己的优势，更重要的是要善于跳出自我，在认识别人优势、对比别人优势的同时，能够认识自己的优势。也只有这样，我们对于自己优势的认识才更具有客观真实性和实用性。

大家熟知的中国古代田忌赛马的故事，其实就是一个在比较中发现优势的典范。

齐国的大将田忌非常喜欢赛马。有一次，他和齐威王约定要进行一场比赛。当时他们商量好，把各自的马分成上、中、下三等。

在比赛的时候，上等马对上等马，中等马对中等马，下等马对下等马。可是由于齐威王的每个等级的马都比田忌的马强，结果在进行了几次比赛之后，田忌都失败了。

田忌为此非常郁闷，在比赛还没有结束，他就垂头丧气地准备离开了。可是就在这个时候，他的好朋友孙膑要他再进行一次比赛，而且还说有办法让田忌获得胜利。

田忌听完之后十分疑惑，他以为孙膑要用别的马来进行比赛，可是没有想到孙膑胸有成竹地说连一匹马也不需要换，照样能够获得胜利。

第四章　事半功倍
——用小努力换取大回报的新思维

当时齐威王屡战屡胜，正在得意扬扬的时候，就听见孙膑和田忌要求加赛，心里觉得非常好笑，态度更是轻蔑。

但是，当一声锣响之后，孙膑先以下等马对齐威王的上等马，第一局输掉了。第二场比赛，孙膑拿上等马对齐威王的中等马，这一局获得了胜利。等到第三场比赛的时候，孙膑拿中等马对齐威王的下等马，自然又战胜了一局。

比赛的结果是三局两胜，当然是田忌赢了齐威王。

同样的马匹，同样的资源，只是因为调换一下比赛的出场顺序，重新把这些资源进行了整合，结果就发生了翻天覆地的变化。

田忌赛马就是以己之长，攻他人之短，以及丢卒保车的混合计谋。他之所以能够转败为胜的原因就在于通过比较发挥了优势。

确实，**通过比较我们是可以发现优势的，而比较就是发现优势的方法之一。**因为优势永远都是相对的，所以，我们发现自身的优势，就必须要具有辩证全面的思维和与时俱进的观念，千万不能坐井观天、自以为是。

世界著名的心理学家克利夫顿说："在成功心理学看来，判断一个人是不是成功，最主要的是看他是否最大限度地发挥了自己的优势。"后来，他通过研究发现，人类总共有四百多种优势，而这些优势本身的数量其实不是最重要的，最重要的是我们每一个人应该知道自己的优势是什么，并且在知道自己优势之后，能够将自己的生活、工作和事业的发展都建立在优势之上，这样你才能够获得成功。

现如今的社会，对我们每一个人的要求都在日益提高，这更需要我们清醒地认识到：唯有优势，才能取胜；唯有发现优势，才能取胜！

俗话说："术业有专攻。"我们每一个人的精力都是有限的，在最熟悉的地方做最熟练的事，这样不仅能够提高做事的效率，而且还能够把事情做到最好。换句话说，走知道的路最近，做熟悉的事最快！

我们活在这个世界上，一定要清楚自己的专长是什么，要知道自己的出路在哪里。只要简单、专注并且发现自己的优势，持之以恒，就可以成功。

思维小练习

王丹会说什么

老师给同学们布置了一些作业，希望同学们回家去测量一些东西，凡是家里的东西都可以测量，第二天，老师发现王丹的作业本上有这样几道题：$9+6=3$，$5+8=1$，$6+10=4$，$7+11=6$。于是，老师就狠狠地批评了王丹，可是，王丹说了一句话，老师也觉得有道理。仔细观察这几道题，你觉得王丹会说什么呢？

答案：我看的是钟表。

做自己擅长的事

我们应该选择自己喜欢的事情，因为只有做自己喜欢的事情，我们才能够无怨无悔，也只有当我们做自己喜欢的事情，才能在遇到困难和艰苦的时候顽强地坚持下去。

但是在现实中，我们依然无法回避一个事实，那就是同样是一个时机，同样是对待一件感兴趣的事情，有的人可能就能够做得很好，但是有的人可能会无法成功。所以，这也就告诉我们，在选择做一件事的时候，特别是对自己的人生成长有着重大影响的事情的时候，**我们必须把喜欢和擅长结合起来进行综合性的考虑。**因为自己不喜欢的事情是永远

第四章　事半功倍
——用小努力换取大回报的新思维

做不好的，可是仅仅是喜欢，但不擅长的事情同样也做不好。

歌德在自己二十多岁的时候，一直梦想着自己能够成为一名像达·芬奇那样杰出的画家。为了能够实现这个梦想，歌德曾经一度沉溺于色彩的世界中难以自拔。他为了提高自己的画画水平，付出了艰辛的努力，可是到头来收效甚微。

一个偶然的机会，歌德到意大利去游玩。当看到那些大师的杰出作品之后，他才如梦方醒：以自己在绘画上的才情，即使是花费了自己这一生的精力，也是很难在画界有所建树的。

从这以后，歌德就毅然决定放弃绘画，把文学作为了自己的主攻方向，最后歌德成功了。

在成功之后，当歌德回顾起自己的成长经历时，总是不忘记告诫那些头脑发热的年轻人，千万不要盲目地相信兴趣，一心只知道跟着感觉走。歌德后来感慨地说道："**要真正地发现自己并不容易，我几乎花了半生的光阴。**"

总有一些事情是自己能够做的、而且也能做出一些成绩，可是相对而言，还有一些事情是你永远都不可能做成的，了解这一点，对于我们的成功是至关重要的。

我们每个人都有自己特有的天赋与专长，从某种意义来讲，我们每一个人都可以称为"天才"。但是往往只有极少数人能够发现自己的天赋，并且把它充分发挥出来，最后他们才获得了真正的成功，也自然而然成为真正的大才。

可是，对于我们大多数人来言，直到白发苍苍也没有发现自己真正适合去做些什么事情。不难想象，每一天，不知道有多少天才带着他们终生的遗憾离开了人间。

在希腊圣城德尔斐神殿上镌刻的一句著名箴言"**认识你自己**"。因为当我们认识了自己,也就会认识世界,而且认识自己远远超过认识世界。而我们要想成就一番事业就必须对自己有一个正确的认识,这是最起码的要求。

那么我们究竟最擅长做什么呢?这其实与每个人的性格、脾气、才情禀赋都有着直接的关系。我们只要平时留心观察,就不难从自己的生活和工作中找到一丝蛛丝马迹,进而找到自己最得心应手的事情。

例如,我们可能解不出一道非常普通的数学题,或者是记不住一个简单的英文单词,但是也许我们在处理事务方面有着知人善任、排忧解难,以及高超的组织能力,这就是一个人擅长做的事情。

发现自己的长处,对于我们选择什么样的道路,选择做什么样的事情具有重要的意义。而且这还可以避免我们盲目地进入一个自己并不适合、并不擅长的领域,或者可以说让我们避免不要在一个不具备任何优势的位置上浪费太多的时间。

"金无足赤,人无完人。"谁也不可能在任何方面都超过其他人。事实上,只要我们能够在某一个方面,甚至是某一个点上面超过其他人,就已经非常了不起了。所以,我们需要做的不仅仅是不断改进自己的缺点和短处,还需要去悉心经营好自己的长处。

只要我们在自己最擅长的领域,找到一个最佳的位置,并且充分发挥出自己的所长,坚持不懈地做下去,那么我们就一定能够有所突破、获得成功。

思维小练习

猜省份

有一天,几个对地理非常感兴趣的同学在一起研究地图。其中的一个同学在地图上标上了标号1、2、3、4、5,让其他的同学说出他所标

第四章 事半功倍
——用小努力换取大回报的新思维

的地方是哪些省份。甲说：2是陕西，5是甘肃；乙说：2是湖北，4是山东；丙说：1是山东，5是吉林；丁说：3是湖北，4是吉林；戊说：2是甘肃，3是陕西。这5个人每人只答对了一个省份，并且每个编号只有一个人答对。你知道1~5分别是哪几个省份吗？

答：假设甲说的第一句话正确，那么2是陕西，戊的第一句话就是错误的，戊的第二句话就是正确的；3是陕西就不符合条件。甲说的第二句话正确。那么5就是甘肃。戊的第二句话就是正确的，3是陕西。同理便可推出1是山东，2是湖北，3是陕西，4是吉林，5是甘肃。

高明的合作会使你变得强大

一个国王，他有10个儿子，个个都很有本领，难分上下，却一点都不团结。他们自恃本领高强，从来不把别人放在眼里，认为自己是最强的，明争暗斗，见面就互相讥讽，背后则是说对方的坏话。兄弟间的不和睦让国王很苦恼，他一有机会就苦口婆心地教导儿子们要和睦相处，团结起来，不要互相攻击。可是，儿子们对于父亲的话是左耳进，右耳出，表面上遵从却没有人放在心上，还是我行我素。

国王一天天变老，身体也一日不如一日，他越来越担心自己死后儿子们会怎样，国家能否长治久安怎样才可以让他们团结起来？国王不知如何是好，一天有一个大臣来见国王，见他愁眉不展，于是就问国王有什么烦心的事？国王就把自己的烦恼告诉了这个大臣。大臣就说："这个好办，陛下，您是否听说过一根筷子与10根筷子的故事，一根筷子很容易就可以被折断，而10根折起来就很费劲啊？"听了大臣的话，国王顿时明白了该怎样做最后一次的努力。

有一天，久病在床的国王预感到死神就要降临了，就把10个儿子都叫到了病榻前，吩咐他们说："你们每个人都放两支箭在地上。"儿子们不知何故，但还是照办了。国王说你们拾起其中的一支折断它，几个儿子没费什么力就把箭折断了。国王又说，现在你们把剩下的10支捆起来，然后每个人再折。10个儿子使出了浑身的力气，咬牙弯腰，折腾得满头大汗，始终也没有谁能将捆着的箭折断。

国王缓缓地转向儿子们，语重心长地开口说道："你们也都看得很明白了，一支箭，轻轻一折就断了，可是合在一起的时候，就怎么也折不断。你们兄弟也是如此，如果互相斗气，单独行动，很容易遭到失败，只有10个人联合起来，齐心协力，才会产生无比巨大的力量，可以战胜一切，保障国家的安全。这就是团结的力量啊！"

儿子们终于领悟了父亲的良苦用心，想起自己以往的行为，都悔恨地流着泪说："父王，我们明白了，您就放心吧！"国王见儿子们真的懂了，欣慰地点了点头，闭上眼睛安然去世了。

合作能产生1+1＞2的效果。一支箭易断，10支箭如铁的道理我们都懂，但是实践起来却没有那么容易。在一个大集体里，干好一项工作，占主导地位的往往不是一个人的能力，而是各成员间的团结、协作与配合。随着知识经济的到来，竞争日益激烈，更需要人与人之间的合作。

诺贝尔经济学奖获得者莱因哈特·赛尔顿教授有一个著名的"博弈"理论："假设有一场比赛，参与者可以选择与对手是合作还是竞争。如果合作，就可以像鸽子一样瓜分战利品；如果互相竞争，则会像老鹰一样互相争斗，胜利者往往只有一个，而且即使是获得胜利，也要被啄掉不少羽毛，两败俱伤。"现代社会中的现代企业文化，追求的是团队合作精神，在合作中谋发展。所以，不论对个人还是对公司，单纯的竞争只能导致关系的恶化，使成长停滞；只有互相合作，才能真正做

第四章 事半功倍
——用小努力换取大回报的新思维

到双赢。

过去，我们经常说"损人利己"，认为要"利己"必须先"损人"。然而现在，随着经济高速增长、科技不断进步、全球一体化以及日益严重的环境问题，人们逐渐认识到，**"损人"不一定能"利己"，"利己"也未必要"损人"**。与人合作也不是占人家的便宜，让人家替你卖命，而是取长补短、共同发展，追求双赢，让大家都有甜头可尝。

例如耐克鞋业公司虽是世界上最大的运动鞋供应商，但它居然没有自己独立的工厂，也没有一个做鞋工人。而在全世界，却有50多家工厂是它的合作伙伴，每年为耐克生产9000万双运动鞋。耐克既节约了生产成本，又能将精力专注于品牌的推广，生产厂家也能获取利益。

双赢是竞争最好的结果。在与人交往的过程中，是处处要高人一等，还是合作互助，互相进步？一个团队最需要的就是合作的精神，如果对伙伴取得的成绩眼红，而处处排挤、打击，抓住一点小辫子就想置他人于死地，无所不为的人终究会因为自己的自私和虚伪而遭到周围人的唾弃。利益是可以共存的。

人与人完全可以坦诚相待，互相沟通，互相合作，交换个人的需要和看法，通过协商和谈判，找到使双方都获得利益的双赢方案。**双赢已经成为竞争双方不约而同遵守的策略**。用双方所需的利益来打动对方，以此来获得自己所需的利益。其实，同样的道理在每个人的工作中、生活中都适用。

思维小练习

天会黑吗？

6点放学，雨还在下，小白为了考考小黑，便对小黑说："小黑，雨已经下了3天了，看样子不打算停了，你觉得40小时后天会黑吗？"

答案：因为40小时已经超过了一天一夜的时间，但没有超过48小时，所以用48去掉一天的时间24小时，剩余16小时，在下午6点的基础上再加上16个小时，6点到夜里12点只需6个小时，所以剩余的10个小时是第二天的时间，即是第二天的上午10点，此时明显天是亮的，所以那时天不会黑。

根据每个人的长处充分授权

高明的人之所以高明，平庸的人之所以平庸，其实区别很简单，就在于高明的人懂得放手管理，充分授权给下属，而平庸的人则是事无巨细，全部包揽。

其实授权并不难，因为每个人都有自己所擅长的领域，当然也有不熟悉的一方面，所以在授权的时候，如果能够人尽其才，大胆起用擅长和精通某一行业或岗位的人，而且授予其充分的权力，在一方面具有独立做主的权力，能够自己作出决定，这样才能够激发他们工作的使命感，这其实是管理人实现成功管理的最为简单的原则，更是适应公司发展潮流的必然要求和趋势。

本田的第二任社长河岛当初决定进入美国办厂的时候，企业内部已经事先设立了筹备委员会，聚集了来自人事、生产、资本等各个部门当中最优秀的人员。

做出这一决策的正是河岛，但是在制订具体方案的时候，河岛则让员工组织，而自己却不参加。因为河岛认为员工做得一定要比自己做得更好。

例如，当时位于美国的厂房基地，河岛居然连一次也没有去看过，而这一切也足以证明河岛充分授权给下属，相信下属。

第四章　事半功倍
——用小努力换取大回报的新思维

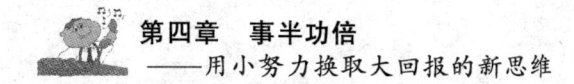

记得当初还有人问河岛为什么不去美国进行实地考察，而河岛回答说："我对美国本来就不熟悉。既然熟悉美国的人觉得美国这个地方最好，难道我还不应该相信他的眼光吗？换句话说，我又不是房地产商，更不是账房先生。"

后来，河岛把财务和销售方面的工作全权托付给了副社长，其实这种做法河岛也是继承了本田一直以来的做事风格。

1985年9月，在东京青山的一栋充满现代化感觉的大楼落成了。当时赴日访问的英国查尔斯王子和戴安娜王妃也来参观了这栋大楼，传播媒体更是竞相进行了报道，从而本田技术研究工业公司的本田青山大楼也就此扬名世界了。

实际去规划这栋总社大楼，提出各种方案并且最后能够将它实现的，并不是本田宗一郎本人，而是一些年轻的员工们，从头到尾，本田宗一郎本人都没有插手此事。成为国际性大企业的本田公司在新建总社大楼的时候，这位元老级人物也没有发表任何意见，这让常人真的是难以想象。

本田公司的第三任社长是久米，他在城市车的开发中也充分体现了对下属的授权原则。当时城市车开发小组的成员大多是二十多岁的年轻人。有些董事为此还非常担心地说："都交给这些年轻人，不会出现什么问题吧？""他们会不会弄出一些稀奇古怪的车来呢？"对于这一切，久米居然都没有理会。年轻的技术人员反而非常冷静地对董事们说："开这车的不是你们，而是我们这一代人。"

其实，久米根本就没有心思去听那些思想僵化的董事们在说些什么，因为在他的心中，他一直认为：这些年轻人如果都这么说了，那就让他们去做好了。

也就是说，这些年轻的技术员在开发出新的城市车型之后，整车看起来高挑，完全打破了汽车必须呈流线型的常规。结果，那些思想僵化、故步自封的董事们又说:"这车型太丑了,这样的汽车怎么可能卖得出去呢?"

可是这些年轻人始终坚信,这就是现在的年轻人想要的车。

果然,城市车型一经上市,就很快在全世界的年轻人中风靡起来。

本田的成功正是因为管理者根据每个人的长处充分授权,而且还大胆使用年轻人,从而培养了他们强烈的工作使命感,最终造就了本田公司的辉煌业绩。

思维小练习

天平称木头

桌子上有12块木头,这12块木头是一模一样的,但是其中有一个和其他的重量不同,只有一个天平。请问:怎样称才能用3次就找到这块木头呢?

答案:先拿6块木头,一边3个,如果一样重,就把这6块木头放在一边,然后在剩余的6块木头中拿出4块,一边放两块,如果一样重,就把剩余的两块木头分别放在天平的两边,这样就可以找到重量不同的那块木头了。

让学习成为一种习惯

中国有一句老话:"活到老,学到老。"这就充分说明了学习对于我们每一个人来说的重要性。在我们一生当中,总是无时无刻不处于学习的状态。可是,我们在学习之前一定要明白,学习的目的是为了什么?

可能每个人的回答并不一样,有的人认为学习是为了挣更多的钱,

第四章 事半功倍
——用小努力换取大回报的新思维

过上富裕的生活，而也有的人认为学习是为了解决生活中出现的问题，其实学习就好像是逆水行舟，不进则退。

不管你是老板，还是一名普通的打工者，你都应该养成不断学习的好习惯。在生意场上有这样一句俗话："一偷二抢。"指的就是"偷信息和抢时间。"

通过学习别人的长处，来弥补自己的短处，其实很多成功的人士都是靠这样的习惯来获得成功的。如果你想要自己获得成功，那么你就应该能够像成功者一样去学习。

在从前有一个穷人，他看见一个富人的生活非常美好，于是穷人对富人说："先生，我愿意为你打工3年，我不要你一分钱，只是有吃有住就行了。当时这位富人听完穷人的建议觉得很划算，于是立即就答应了。3年时间过去了，穷人最后离开富人没了去向。

时光流逝，10年时间过去了，当初的那个穷人现如今已经变得非常富有，而之前那个富人和他比起来就显得寒酸了许多，于是昔日的富人向昔日的穷人说："我愿意出50万买你的成功经验。"可是穷人却说："我是在你那儿学到的呀！"

其实，这个故事就告诉我们，**智慧源于学习**。我们每个人通过对成功人士的经验的观察和思考，就能够获得宝贵的经验。

确实，过去的失败并不等于现在的失败，过去的辉煌也不等于现在的辉煌，所以说过去的成功与失败都不重要，因为这些都已经成为过去。我们更重要的是要放眼现在和将来，当然，我们在学习的过程中要讲究方式和方法，因为时间与成功也不是成正比的。

中国有一位学者去美国会见他的一位老朋友，当路过富翁区的时候，中国这位学者对美国的朋友说："这些富人所住的高楼，开的豪华轿车，你有什么感受呢？"美国朋友回答说："没有什么啊，我一点都不羡慕他们，只不过是他们获得了一个好的信息，把握住了一次好的机会而已。如果哪一天我能够把握住这次机会，或许比他们现在的生活还要好。"

后来，中国的这位学者又去考察了日本市场，同样到了日本的富翁区。结果得到了日本朋友同样的回答："我不羡慕他们，更不忌妒他们，反而他们会激励我要找机会超过他们。"

其实，这件事情是值得我们每一个人去深思的。当我们看到比自己优秀的人时，应该首先想到的是学习他们的优点，而不是忌妒，甚至是报复他们。因为只有这样，你才有可能获得成功。而且在你不断学习他人优点的同时，你会养成不断学习的好习惯，这对于我们每个人的人生成长来说，都是非常宝贵的良好习惯。

思维小练习

各有多少人民币

妈妈为了考考女儿的智力，给女儿出了道题。妈妈说："我手里有1元、2元、5元的人民币一共60张，面值是200元，并且1元面值的人民币比2元的人民币多4张。女儿，给妈妈算算这3种面值的人民币各有多少张？"女儿眨了眨眼睛，摸摸脑袋，也不知道怎么算。你能算出来吗？

答：假设1元的人民币减少4张，那么这3种人民币的总和就是60－4＝54张，总面值就是200－4＝196元，这样1元和2元的人民币数量相等，再假设56张全是5元的，这时人民币的总面值就是5×56＝280元，比先假设的多280－196＝84元，原因是把1元和2元都当成了5元，等于是多算了5×2－（1＋2）＝7元，84÷7＝12，由此就可以知道是把12张1元的和12张2元的假设成了5元，所以2元的有12张，1元的有12＋4＝16张，5元的就有32张。

第五章 众人拾柴火焰高
——多交朋友少树敌人的新思维

朋友是人最无价的隐性资产

　　曾经有一家钢材公司的销售部门经理王允，他听说一家公司要进一批钢材，正在寻找货主，于是王允就和这家公司取得了联系，结果他发现已经有好几家钢材公司同时在和这家公司进行联系，竞争可以说是非常地激烈。而王允又通过调查发现，这家公司的一个部门经理居然是自己的大学同学黎明，虽然王允和黎明自从大学毕业之后就没见过，但是这一次王允还是决定去约见黎明。

　　最后两个人在一家酒楼相见。两人见面之后，自然是感慨万千，各自都感慨时间过得太快。而就在一阵寒暄之后，王允开始谈起了大学时的往事。

　　"黎明，不知你还记不记得，大一那一年咱们班春游的情境吗？记得那一天天气非常好，当时咱们一起，咱们班的王丽丽怎么也爬不动了，最后主动让你拉她一把，结果你当时满脸通红，还不好意思拉人家！"

　　黎明听完之后，自然是不好意思地笑了起来："我那个时候可没有现在这么大的胆子，不像你当初，用一条橡皮'蛇'就把咱们班的女生们吓得都不敢向前走了，最后还是我揭穿了你的诡计，把你的橡皮'蛇'扔到了山下，当时记得你还非让我赔你呢！"说完之后，两个人都开心地笑了起来。

　　就这样，两个人又谈了很多大学时的往事，不禁越谈越来劲，越谈越动情，最后两个人都感动地落了泪。

　　由于时间已经不早了，于是两个人又聊到了当前的工作，王允就顺势说道："我们公司最近有一批好钢材，质优价廉，听说你们公司正需

第五章　众人拾柴火焰高
——多交朋友少树敌人的新思维

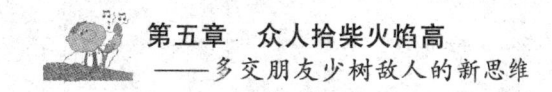

要，怎么样，咱兄弟也合作一回吧?"

当时的黎明还正沉浸在自己美好的大学记忆当中，一听到老同学需要帮忙，而且自己的公司确实又需要，结果当即就说："这不是太容易了的事情吗，回去我就跟销售经理说，就凭借我和他的关系，保证没问题。"

果不其然，几天后，王允在老同学的帮助下，顺利地签订了钢铁购销合同。

其实，正是与黎明的这层大学同学关系，使王允做成了生意，还让两个人之间的友谊增进了，真可谓是一举两得。

其实在当今社会，不管是同学关系、亲人关系，还是同事关系，如果你做一件事情需要求到他们中间的任何一个帮忙，只要你用心去做了，那么他们肯定会帮助你的。

而且就现在的情况而言，商场就是战场，竞争如此激烈，没有一点牢固的人际关系是不行的，当然，如果你有了牢固的人际关系，但是你不懂得如何去应用也是不行的。

如果什么事情都靠个人的力量去发展，这样的发展是极有限的，多与各方面的朋友结交，那么你的发展才能够后劲十足，永无止境。

人是有感情的动物，而且注定要在群体中进行生活，而组成群体的人又是处于各种不同的阶层和属性中。我们适时进行人与人之间的交往，有利于在社会上建立一个好的人缘网。而建立起来了这种人缘网，你在人们眼中的形象才会变得优秀，你的人际交往才能如鱼得水。如果你没有一张好的人缘网，那么你做事情可能会经常陷入进退两难的境地。

朋友是我们获得成功的条件之一，是我们求人办事的良好纽带，是我们成功所必不可少的条件。如果我们广结人缘，眼光长远，那么人际关系必定会有好的收获。

思维小练习

复杂的亲属关系

在一次过节的时候，甲、乙、丙、丁、戊五位亲戚聚到了一起，他们开始谈论他们币其他人的关系，他们所谈论到的人，都在这五个人中间，有四个人分别说：

乙是我父亲的兄弟；

戊是我的岳父；

丙是我女婿的兄弟；

甲是我兄弟的妻子；

那么，你知道那些话分别是谁说的吗？并且各人之间的关系又如何呢？

答：乙和丙是兄弟，甲是乙的妻子，戊是甲的父亲，丁是丙的儿子或是女儿。

借别人的鸡，下自己的蛋

那些获得成功的人懂得借别人的鸡下自己的蛋，可是失败者做任何事情都只想着靠自己的微弱力量，不懂得通过别人的帮助来获得成功。

我们对于草船借箭的故事都不陌生，诸葛亮凭借那一文不值的稻草，靠天机就顺利借到了曹军的10万支箭，而这也就完成了周瑜不怀好意所布置下的任务，更是成为千古流传的佳话。

其实，在如今的生活当中，这样的事情更是屡见不鲜。有多少白手起家的人，正是凭借好的创意、好的发明，借力于他人的支持和帮助，

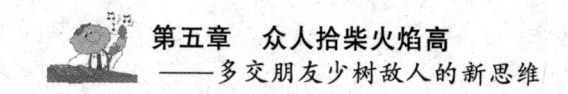

第五章　众人拾柴火焰高
——多交朋友少树敌人的新思维

才实现了自己的梦想，同时自己梦想的实现也给他人创造了更多的财富。

借鸡生蛋是一种智慧，也是一种策略，因为我们每个人的经验和能力都是有限的，只有通过借助他人的能力和智慧，互相学习，取长补短，才能够实现双赢。

借鸡生蛋也是一门艺术，而成功的人总是懂得如何炉火纯青地运用这门艺术来创造一番事业。可是对于失败者来说，即便他们已经想到了要向别人"借鸡"，可是自己根本就没有"蛋"可下。

而这正是差别所在，只有自己拥有了立得住脚的技术或者创意，才有要求别人合作的基础；也只有当别人相信了你的实力、相信你的发展前景，才愿意把"鸡"借给你，通过你梦想的实现来完成他自己的梦想。

在20多年前，美国黑人的化妆品市场一直是由佛雷化妆品公司独霸天下。后来，一位名叫乔治的推销员看准了这一行业的光明前景，于是便毅然辞职，独立门户创建了当时只有500元资金、3名职员的乔治黑人化妆品制造公司。

乔治很清楚，自己的事业要想有所发展，就必须把佛雷公司打垮，将黑人化妆品的市场夺过来。可是在当时，他唯一能够做的就是先生产一种粉质化妆膏的产品。

不久，乔治的粉质化妆膏这一款新产品就上市了。但是对于名不见经传的新公司而言，想要大量销售这样一款新产品几乎是不可能的。

最后，乔治经过反复思考后决定推出这样一则促销广告："当你用过佛雷公司的产品后，再擦上乔治粉质化妆膏，将会有意想不到的效果。"

但是，乔治的助手们对于这一则促销广告都持反对意见，他们认为这等于是在无形之中帮助竞争对手在做广告。可是，乔治却胸有成竹地指出："这正是我的奇妙经营术，正是因为佛雷化妆品公司的名气大，我才这样做。我并不是给他们做免费广告，而是借此来抬高我们自己的身价。这就好像如果你和卡特总统一起留过影，人们便要对你刮目相看一样。我这招叫做借鸡生蛋夺市场。"

果然，乔治的这一妙招收到了很好的效果。在促销广告刊出之后，顾客们很快就接受了乔治公司的产品。于是，乔治一鼓作气又推出了黑人化妆品系列，扩大占领市场。

几年后，乔治则开始称霸美国黑人化妆品市场，并且把眼光投射到其他有黑人的国家，这样，就使得全世界的黑人都开始接受并使用乔治公司的系列化妆产品。

你明白吗，这就是借别人的鸡，下自己的蛋。**一个获得成功的人不仅会在自己无计可施、力不从心的时候求助于别人，他们更懂得如何利用别人的长处来为自己服务**，因为只有这样才能节省自己的时间和精力去做更重要的事情。

"借鸡生蛋"已经为现代人立志成才、白手起家开拓了一条新路。

一个人的能力毕竟是有限的，不可能任何事情都面面俱到，所以适当的"借力"正是弥补自己的短处，助自己一臂之力；适当的"借力"更是向优秀的人学习，给自己一个成长的机会。

当然，**在"借鸡"之前先要看一看自己有没有"蛋"可生**。一个从白手起家到最后成功的人往往有两只车轮，一是自己的创意和值得别人相信的发展潜力，二是向别人推销自己的能力。这两者也是缺一不可的。

成功的道路很漫长，仅靠自己的个人努力是不够的，要想快速到达成功的彼岸，就要懂得与别人进行合作，学会借力做事。

第五章 众人拾柴火焰高
——多交朋友少树敌人的新思维

思维小练习

如何分酒?

小马晚上出去打了10斤酒,回家的路上碰到了小明,恰巧小明也准备去打酒的。不过,酒家已经没有多余的酒了,而且这个时候天色已晚,别的酒家也都已经关门了,而且小明又非常着急。于是,小马便决定将自己的酒分给他一半,可是小明手中只有一个7斤和3斤的酒桶,两人又都没有带秤,如何才能将酒平均分开呢?

答:第一步,先将10斤酒倒满7斤的桶,再将7斤桶里的酒倒满3斤桶;第二步,再将3斤的桶里的酒全部倒入10斤桶,此时10斤桶里共有6斤酒,而7斤桶里还剩4斤;第三步,将7斤桶里的酒倒满3斤桶,再将3斤桶里的酒全部倒入10斤桶里,此时10斤桶里有9斤酒,7斤桶里只剩1斤;第四步,将7斤桶里剩的酒倒入3斤桶,再将10斤桶里的酒倒满7斤桶;此时3斤桶里有1斤酒,10斤桶里还剩2斤,7斤桶是满的;第五步,将7斤桶里的酒倒满3斤桶,即倒入2斤,此时7斤桶里就剩下了5斤,再将3斤桶里的酒全部倒入10斤桶,这样就将酒平均分开了。

用真心换来众人的实意

虚假容易让人感到孤独,而真诚却能够让人在交往中得到他人的认可与尊重。

世界上虚假的东西有很多,而且它们在一时也确实欺骗了不少人,但是假的终归是假的,是经不起真实的考验的。我们在与人交往的过程中，欺骗的手段可能会一时奏效，但是远不如真诚的效果更有用、更长久。

为人不能不真诚，一心只想着靠骗术行世到头来只会让自己遭到惨败，因为真诚是做人的基本品性，而欺骗别人到头来欺骗的就是自己。

日本山一证券公司的创始人小池田子曾经说："做生意成大事者第一要诀就是诚实，诚实像是树木的根，如果没有根，树木就别想有生命了。"

这确实是小池的经验之谈，他就是因为诚实而起家的。小池二十多岁的时候开设了小池商店，同时还给一家机器制造公司当推销员。在相当长的时间内，小池推销机器很顺利，甚至有一次在半个月内就跟33位顾客签订了契约，而且还收了订金。

从那以后，小池发现他所卖的机器比别的公司出产的同样性能的机器贵，这一点让他感到不安，结果小池立即带着契约书和订金，花了整整3天的时间逐家逐户去寻找订户，老老实实说明他所卖的机器价钱比别人卖的机器贵，请他们废弃契约。

小池的这一行为让顾客们大为感动，结果33人中没有一个废约，反而对小池更加信赖和敬佩。

消息一经传开，人们都知道小池经商诚信，于是纷纷前来他的商店购买货物，或者是向他订购机器。就是真诚让小池财源广进，最后终于成为大企业家。

在很多人看来"老实的人吃亏"，"老实"就代表没本事，其实这种偏见是非常可怕的，而且现实中的无数事实证明，诚实的人并不吃亏，**真诚才是最伟大的。**

有一位贤明而受人爱戴的国王，他把国家治理得井井有条。

但是国王年纪大了，膝下无子女。最后国王决定，在全国范围内挑

第五章　众人拾柴火焰高
——多交朋友少树敌人的新思维

选一个孩子收为义子，作为王位的继承人。

国王挑选继承人的办法很独特，他给孩子们每人发一些花种子，宣布谁能够用这些种子培育出最美丽的鲜花，那么谁就成为他的继承人。

孩子们领回花种之后都开始精心地培育，从早到晚，浇水、施肥、松土，因为谁都希望自己成为王位的继承人。

当时有一个叫雄日的男孩，他也和其他孩子一样整天精心地培育花种。可是10天过去了，半个月过去了，花盆里的种子连芽都没有冒出来，更别说开花了。

国王决定观花的日子到了。无数个穿着漂亮的孩子涌上街头，他们手中都捧着开满鲜花的花盆，用期盼的目光看着前来巡视的国王。

可是当国王看见孩子们手中这些争奇斗艳的花朵，似乎并不太高兴。忽然，国王看见了端着空花盆的雄日。

雄日正无精打采地站在那里，国王把他叫到跟前，问他："你为什么端着空花盆呢？"雄日非常沮丧地把自己如何精心养花，但是花种怎么也不发芽的经过说了一遍。

没想到国王在听完雄日的话之后脸上却露出了最开心的笑容，他把雄日抱了起来，高声说："孩子，我找的就是你，你就是我的继承人。"

"为什么会这样呢？"大家都非常不解地问国王。

国王说："我发下的花种全部是煮过的，根本就不可能发芽开花。"

诚实，是我们人生道德修养中的宝贵财富。正是因为诚实，雄日才得到了命运的眷顾。

在日常交往中，为人诚实的人，才可以交到更多的朋友；敢于求实的人，更容易得到人们的尊重；勤于务实的人，才可以做出一番大事业；作风朴实的人，更容易得到人们的信任；思想充实的人，才有机会让自己富有朝气地度过一生。

> **思维小练习**

寻找丢失的狗

有一个人走失了一条名贵的狗。于是,她到当地的报社去发启事,内容如下:"有好心人捡到我的狗,并主动送还者,我将悬赏100英镑作为酬谢。"可是,到了下午这条消息还没有见报,这个人只好到报社去看个究竟,结果她发现那里除了看门的以外,一个人也没有。

这个人心想,这是什么报社,也太不负责任了。这时看门的人走过来说了一句话,让她解开了心中的疑问,你知道看门的人说了什么吗?

答案: 看门的人说:全报社的人都出去找走失的狗去了。

为你的未来积累人脉

在实际生活当中真正聪明的人总是会在自己力所能及的范围内尽力去广结人缘,虽然这种做法表面上看起来可能有点傻,其实只要我们能够稍微用心,就一定会收到别人的回报,与别人结下深厚的友谊,从而当你遇到困难的时候才会得到他人的帮助。

我们也只有通过这样的交流,才会结交更多的朋友,你的成功才会受到更多人的帮助,你的成功道路也会走得更加顺利。

在物欲横流的今天,很多朋友都是所谓的酒肉朋友,所以人们才发出了这样的感慨:"人生得一知己足矣。"而要想获得真正的朋友,就需要付出,需要你学会广结人缘。在社会中那些处世高手都非常善于结交朋友。

俗话说:"人生的债务是可以还的清的,但是人情的债务是无法还

第五章　众人拾柴火焰高
——多交朋友少树敌人的新思维

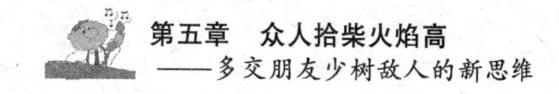

清的。"

拉第埃在刚刚上任的时候，遇到的第一个非常棘手的问题就是和印度航空公司的一笔交易。

当初由于这笔生意还没有得到印度当地政府的批准，所以这笔交易很有可能会谈不成。在这种情况下，拉第埃匆忙赶到了新德里，而且还准备亲自去拜访当时谈判的对手——印度航空公司的主席拉尔少将。

拉第埃在与拉尔少将会面的过程中，拉第埃对他说道："亲爱的拉尔先生，正是因为你让我有机会在我生日这一天又回到了自己的出生地。"之后拉第埃又向拉尔少将介绍了自己的身世。

拉尔少将听完之后非常的感动，并且挽留拉第埃一起进餐。于是拉第埃趁热打铁，从自己的公文包中拿出了一张照片给拉尔少将看，并且问道："拉尔少将，您看看这个照片上的人是谁？"拉尔看完之后非常惊讶地说道："这不是圣雄甘地吗？""那请你再看看旁边的小孩是谁？"拉第埃接着问道。拉尔少将看完之后更加惊喜了，"这不是我吗，我记得那个时候自己才3岁，就在随父母离开了印度去欧洲的途中有幸与圣雄甘地同乘一条船。"

当看完照片之后，拉尔少将与拉第埃的感情一下子就亲近了许多，这笔交易也顺利谈成了。

当我们读完拉第埃的故事会发现，拉第埃的第一招就是应用了中国古代的"攻心计"。拉第埃一开始就巧妙地赞美了拉尔少将，这样就让拉尔少将有听下去的兴趣；而接下来拉第埃又通过自己生平经历的介绍，进一步拉近了与拉尔少将的感情；等到最后，拉第埃通过甘地的照片完全打动了拉尔少将，从而产生了感情的共鸣。而每当我们与别人产生感情共鸣的时候，也是我们谈事情的最好时机。

可以说，拉第埃这次生意之所以能够成功，就是因为他懂得用感情

109

来攻心，从而与对方产生共鸣，谈成了生意。

在结交朋友时，我们一定要看得开。当我们打算去结交别人的时候，一定要付出真情，这并不是什么愚蠢的事情。只有付出了真情，我们才能够广结人缘，编织起更为牢固的人情关系网。

思维小练习

买可乐

小李有 40 元钱，他想用来买可乐，老板告诉他，2 元钱可以买 1 瓶可乐，4 个可乐瓶可以换 1 瓶可乐。那么，小李可以买到多少瓶可乐？

答案：先用 40 元钱买 20 瓶可乐，得 20 个可乐瓶，4 个可乐瓶换 1 瓶可乐，就得 5 瓶，再得 5 个可乐瓶，再换得 1 瓶可乐，这样总共得 20 + 5 + 1 = 26 瓶。

有缘千里来相会

良好的人际关系是一个人成功的基础，但是想要维持良好的人际关系就需要经常保持联系，自己没事的时候能够给朋友打个电话，甚至是亲自登门拜访，这样就可以让你们的感情长久不衰。

俗话说"常来常往，常聚常新"。我们只有与别人多进行沟通与交流，加强彼此之间的感情联络，才能够巩固彼此之间的关系，才能够在困难的时候得到他人的帮助。

孙云曾担任一家公司的总经理，每逢过年过节，总会有很多人来拜访他，礼物、贺卡可以说是络绎不绝。但是当孙云离休之后，每次过年过节所收到的礼物一下子就少了很多，贺卡每次也就那么一两张。

第五章　众人拾柴火焰高
——多交朋友少树敌人的新思维

刚刚离职的孙云对于自己门前冷落的现象正郁闷呢，没有想到之前自己的一个下属带着礼物来看望他了。

其实在孙云担任总经理的时候，并没有特别注意这位职员，可是没有想到到头来每次过节来看望他的居然是这位自己当初忽视的职员，这让孙云非常的感动。

就这样过了两年时间，孙云又被原来的公司返聘成为公司的顾问，当然自然而然地就重用了这位职员。

好朋友是需要经常联络的，不然的话，当你哪天需要别人的帮助才去临时抱佛脚，这样肯定不会收到好的效果。长期下去，很有可能每次在你需要帮忙的时候都找不到人，到头来后悔的还是你。

在职场中很多人都曾获得过领导的提拔和赏识，可是当他们退居二线之后，就把这些人不放在眼中了，这其实是不对的。如果你不懂得呵护你们之间的关系，那么你所得到的赏识和认可也不会长久下去，这次过去就没有下次了，对于这种过河拆桥的人恐怕是没有人再愿意去答理的，最后导致的结果就是身边那些对你有所帮助的人都会渐渐离你而去。少了人帮助的你，在发展上肯定就会比别人花费更多的精力、更多的时间，甚至可能永远都无法获得成功。

在西方国家，那些懂得通过别人的帮助来减少自己成功阻力的人，一般都会要搜集至少 30 个将来可能对自己有用人的资料，并且对这些人的兴趣、爱好、习惯一一掌握，然后再有计划地去拜访这些人，从而和他们建立起一种良好的人际关系。这样一来，不管他们当中谁以后有了发展，都会想起你，也一定会提拔你，也许这样的手法看起来太过于功利了，但是对人也有一定的启发。

记得曾经有一位政治家在被委任完成组成内阁的任务时，内心非常地焦虑。因为一个内阁至少也需要七八位成员，这么短时间内如何去找到七八个非常合适的人选呢？

最后这位政治家决定从自己平时了解的人中进行筛选。经过一周的筛选，最后终于确定了内阁人员的组成。

可见，只有当你与别人有很好的交情时，你才容易被别人想起，也才更容易得到别人的赏识。所以我们应该在平时与朋友们多来往，不然的话你有再大的本事，别人也是不会知道的。

当你结交了朋友之后，一定要经常联络感情。如果你都在需要的时候才去联系别人，就会让很多朋友离你而去。

作为好朋友帮助你可能不需要你的回报，但是你也应该让他觉得帮助你是一件开心的事情，这就需要你与他平时经常联系，让两个人的感情更加深厚、自然。

思维小练习

年龄各是多少？

一个家庭有 4 个女儿，把这 4 个女儿的年龄乘起来积为 15，那么，这个家庭 4 个女儿的年龄各是多大？

答案：把 15 分解因数，$15 = 5 \times 3 \times 1 \times 1$ 或 $15 = 15 \times 1 \times 1 \times 1$，因此，这个家庭 4 个女儿的年龄为 5 岁，3 岁，1 岁，1 岁或者 15 岁，1 岁，1 岁，1 岁。这 4 个女儿中，有可能有一对是双胞胎，也有可能有 3 个是三胞胎。

不要等到事到临头才抱佛脚

"临时抱佛脚"这一词最早出自唐朝孟郊的《读经》诗："垂老抱佛脚，教妻读黄经。"意思是说年老才信佛，以求保佑，有临渴掘井之

第五章 众人拾柴火焰高
——多交朋友少树敌人的新思维

意。到了现在，人们就把平日不早做准备，到事情紧急的时候才开始匆忙想办法的做法称为"临时抱佛脚"。

还有一句话叫**"闲时不烧香，急来抱佛脚"**，其实这句话原来是说一些人平时不够虔诚，到了有事情求到菩萨的时候就抱着世俗功利的心态去对待自己的信仰。如今，已经被人们更为广泛地用来比喻平时不努力、不懂得未雨绸缪，事到临头才进行突击的情况。

我们绝大多数的人可能在自己当学生的时候都有过这样的经历，平时学习吊儿郎当，上课总是三心二意，做事情马马虎虎，到了最后快考试的时候才开始看书、复习、做题，匆匆忙忙进行复习，这就是典型的"临时抱佛脚"。

而很多人以后又把这种不好的习惯带到了社会生活和工作当中，不仅在小事上"临时抱佛脚"，而且还在一些大事情上"临时抱佛脚"，这样就会让一个人失去很多机会。

陈平是一家公司的一个技术人员，由于他是名牌大学出身，而且天资聪颖，为此很快就在公司的众多同事当中脱颖而出，领导自然是非常器重他，经常叮嘱他要好好学习业务，大有栽培之意。

可是，陈平并没有在意，他心想："以我的聪明才智，到哪里都是人才。"之后陈平就开始得过且过起来。

没过多久，一个机会就从天而至，公司决定选一个技术人员到总公司去，为此公司特意组织了一次选拔考试，只要能够在这次考试中获得第一名就能被选中。结果陈平为了考试，急忙翻出一大堆专业书"抱起佛脚"来。

考试前，陈平以为自己肯定是胜券在握，可是没有想到结果一出来，他就傻眼了，高举榜首的竟然是平时大家都认为傻乎乎的书呆子小王。

之后陈平才知道，小王虽然天分不高，更不是名牌大学毕业，但是平时一直有学习的好习惯，努力提高自己的专业水平。

一个是"闲时烧香"，一个是"临时抱佛脚"，两者一对比，结果就知道了。陈平为自己失去这次机会感到非常懊悔，但是这说到底都是他自己酿成的苦果。

实际上，在平时的生活中，这样的情况我们是完全可以避免的。就好像我们晴天准备雨伞，免得下雨时不能外出；白天准备手电筒，以便黑夜可以更好地行走等。

归根结底，"临时抱佛脚"的心态和习惯的产生往往有很多的原因。**"临时抱佛脚"其实就是一种侥幸的心理**，认为只要通过短时间的努力就能够得到预期的成绩，认为没有必要花费太多的时间去努力做事，但是在学习面前是没有不劳而获的人的。

所以，我们做任何事情都不应该有"临时抱佛脚"的心态，而应该提前做好准备，有句古话叫"不预则废"，其实讲的就是这个道理。

古人云："**不积跬步无以至千里，不积小流无以成江海，骐骥一跃不能十步，驽马十驾功在不舍**"，我们做任何事情都应该发扬这种驽马的精神，平时不断进取，只有这样，你才可能获得成功。

思维小练习

球的位置在哪里

现有在两种球，一种黑色的，一种是白色的，将这两种球自上而下排，当黑球比白球多2005个时，那么，这个球正好排在第几层第几颗？

如图，一层层地排列，每层都是从左往右排。

●●●
○○○○○

第五章 众人拾柴火焰高
——多交朋友少树敌人的新思维

●●●●●●●●
……

答案：根据题意，第一层黑球多 3 个，第二层黑球多 5 个，第三层黑球多 7 个，依次类推，第 n 层黑球多 2n+1，多 2005 个的时候，这个黑球就是在黑球 1002 层的最后一颗。

朋友多就是机会多

如果一个人想获得成功，那么人际关系的好坏将会直接或者间接地影响他的成功。如果一个人的人际关系丰富，人际圈子大，那么他的事业成功的概率自然也就会提高。

如果你现在已经拥有了很棒的能力，以及最好的产品，可是在你的人际关系圈子里却没有一个值得你信任、愿意帮助你的人，那么，你觉得自己的事业能够顺利地发展吗？

我们想要成功，要懂得随时随地去建立自己的人际关系。不要认为自己没有机会，其实我们每个人每天都有这样的机会，只是因为我们许多人都不能够仔细而清楚地注意这一点，所以，总是让自己平白无故地流失掉了很多的机会。

我们可以想象，假如一个人从外国来到了中国，即使他有着很庞大的经济实力和优良的产品，甚至是先进的技术与方法，可是他却不认识任何一个人，那么他想要成功也是很难的。如果他想获得成功的话，那么他现在所需要做的第一件事情就是交朋友，建立自己的人际关系网。

如果你从小到大，在自己所认识的人中都能够自始自终保持着良好的人际关系，那么在你做事情的时候，你即使遇到困难和挫折也不用怕，朋友们会帮你顺利渡过，而你会始终走向成功。

有这样一句话我们应该常常挂在嘴边，更应该时常放在心里，那就是："自己对别人好，这是自己的事情，至于别人会不会对你好，那则是他们的选择。"

其实，我们在人际关系的互动当中，很多人让自己陷入一种错误的情绪，那就是当我们对别人好了之后，就希望获得别人的回报，如果最后没有得到别人的回报，或者说回报不如我们心中所预想得那么多，这个时候，我们常常会陷入一种怨天尤人的不良情绪，会觉得别人对不起自己。

记得在1986年，当时坐落在安和路的一座大厦，在当时可以说是全市响当当的豪宅大楼，结果每次有人要去那里买房子，第一个就是问小区大门口的管理人员："这里买房子的人多不多？这里的房子质量到底怎么样？"其实，大门口的管理人员就相当于买房者了解房子的一个窗口。

而且在买房子的过程中，几乎每一次管理人员的回答就是："你去问问那个住在八楼的王小姐，她对这里比较了解。"结果就这样，那位王小姐在大楼里住了18年，买卖房子居然赚了奖金上百万元。

为什么大门口的管理员对王小姐这么好呢？就是因为在此之前，每一次王小姐从大门经过的时候，总是会友善地和他们打招呼，把这些已经退休了的老爷爷、老奶奶当成是自己的长辈，不但逢年过节给他们送红包，而且平常有好吃的也都会拿出来与他们分享，这些都是王小姐出自内心的感谢以及报恩。

也正是这些看起来不起眼的普通员工，对王小姐的事业起到了非常大的帮助。

销售大师博恩·崔西曾经说过这样一句话："真正的成功人士，对最卑微人也会毕恭毕敬！"如果我们不看王小姐的故事，可能谁也不会

第五章　众人拾柴火焰高
——多交朋友少树敌人的新思维

相信顺手送点东西给门卫，却能够让王小姐最后赚到了几百万！

可见，成功的关键并不在于你是多么的聪明、是多么的会算计，或者是找多少所谓的专家、顾问等，这些都是次要的，最关键的是如何结交朋友。

可能在很多时候，我们为别人付出了很多，却不一定马上会产生结果，但是，你要相信，总有那么一天你会看见你的收获。

你要记住，"人"永远是我们最大、最宝贵的资产，一个人实现成功的目标更需要很多的人相助，而如果你拥有的人际关系越丰富，就意味着有更多的人帮助你，那么你成功的概率就会更高。

思维小练习

赔了多少？

一天，赵四的店里来了一位顾客，选了20元的东西，顾客拿出50元，可是赵四却没有零钱找不开，于是就只好到隔壁的小韩店里把50元换成零钱，回来之后给顾客找了30元零钱。过一会儿，小韩来找赵四，说刚才的居然是假钱，赵四马上给小李换了张真钱。

问：在这一过程中赵四赔了多少钱？

答：首先，顾客给了赵四50元假钞，赵四没有零钱，换了50元零钱，此时赵四并没有赔，当顾客买了20元的东西，由于50元是假钞，此时赵四赔了20元，换回零钱后赵四又给顾客30元，此时赵四赔了20+30=50元，当小韩来索要50元时，赵四手里还有换来的20元零钱，他再从自己的钱里拿出30元即可，此时赵四赔的钱就是50+30=80元，所以赵四一共赔了80元钱。

117

送人玫瑰，手有余香

记得林肯曾经说过："**每个人都喜欢赞美。**"相信大家也都体会过被别人赞美的神奇力量。我们对于别人的进步，一定要及时赞美，给予肯定，千万不要吝啬赞美。送出你的赞美，你就获得了友谊，所以说**赞美是人情，更是人缘。**

前不久的一天，有一位叫杰克的律师和自己的太太去外地拜访几位朋友。那一天下午，杰克的太太正在陪一位姨妈聊天，而杰克则去别的地方去见几位年轻的亲戚。

由于杰克很长时间没有回来了，他对这几位年轻的亲戚不是很了解，所以就总想找一些能够拉近他们之间距离的话题。当杰克看见姨妈这座非常漂亮的房子，就决定把房子好好赞美一下，以便能够为继续谈话找到好的话题。

杰克首先问道："这座房子有100多年的历史了吧？""是的，"姨妈回答道，"正好是100年。"

杰克继续说道："这让我想起了我们以前的那座老房子，我就是在那座房子里面出生的。姨妈你的这座房子修建得真的很好，阳光能够照射进房内，而且还有很多小房间，现在已经很少有这样的房子了。"

姨妈听完杰克的赞美之后笑道："是呀，现在这样的房子确实不多了。"

"唉，现在的人已经越来越不重视房子结构好不好，漂亮不漂亮了，只要他们能够有一个地方住就可以了，而剩下的时候他们几乎会开车到处旅游。"杰克说。

姨妈这个时候说道："这座房子里承载了我太多的梦想，这是一座

第五章　众人拾柴火焰高
——多交朋友少树敌人的新思维

用梦想造成的房子，我的丈夫和我之前梦想了很多年，这个房子完全是我们自己设计的。"

于是姨妈开始带着杰克到处参观，而杰克总是在不停地赞扬着。等到他们参观完房子之后，姨妈又带着杰克去参观车库，而车库里面却停着一辆奔驰车，几乎是崭新的。

只听姨妈非常平静地说道："这是我丈夫在他去世前不久给我买的。而自从他去世之后，我就再也没有动过它，我觉得你是一个懂得欣赏的人，所以我非常乐意把这部车送给你，因为它也需要一个好的主人。"

当杰克听完姨妈这句话之后感到很惊讶："不，姨妈，我知道你非常的大方，对我们很好，可是我却不能够接受。我现在已经有一辆车子了，而且这部车子是姨夫特意买给您的，而且我相信您的很多亲戚都非常喜欢这部车子。"

姨妈听完杰克的话大叫道："什么，你说我的那些亲戚，他们当然非常喜欢我这部车子了，但是他们都是希望我死了之后得到这部车子。"

杰克说："姨妈，既然您不希望他们得到这部车子，那么您也可以把这部车子卖掉啊。"

而姨妈却坚决不同意，说道："杰克，你以为我能够随便就让一个人开这辆意义非凡的车子吗？这可是我的丈夫给我买的车子，我一定要把车子送给你，我需要给它找一个好主人。"

杰克总是在极力推辞着，但是他又怕为此而伤害了姨妈的一片好心，最后杰克收下了。杰克就是因为自己的赞美，而得到了这辆很多人都梦寐以求的车子。

其实，赞美总会带给我们不可思议的神奇力量。每个人都希望能够得到别人的赞美，更希望自己的价值能够得到肯定。

俗话说："送人玫瑰，手有余香。"赞美别人就是这样一件乐事。可是

119

在现实生活中总是有很多情况下你不好意思说出赞美的语言，认为赞美都是小人的作为。可是赞美却传递了你的友好和热情，赞美别人并不是让自己矮人一等，而是让自己能够得到他人的帮助，获得意想不到的收获。

赞美的重要性是不言而喻的，它在别人心里所起的作用，让你们之间的距离瞬间拉近许多。千万不要吝啬自己的嘴巴，多去赞美别人，让别人得到你真诚的赞美，相信你一定会在日后的人际交往中如鱼得水、游刃有余。

思维小练习

各有多少把伞

有花黑蓝三种伞共160把，如果取出花伞的1/3，黑伞的1/4，蓝伞的1/5，则剩120把。如果取出花伞的1/5，黑伞的1/4，蓝伞的1/3，则剩下116把。请问，这三种伞原来各有多少把？

答案：第一步：160－120＝40，花伞的1/3，黑伞的1/4，蓝伞的1/5共40把，160－116＝44，花伞的1/5，黑伞的1/4，蓝伞的1/3共44把，44－40＝4，所以蓝伞的1/3－1/5与花伞的1/3－1/5的差是4把，4÷（1/3－1/5）＝30，则蓝伞与花伞的差是30把；

第二步：花伞的2/3，黑伞的3/4，蓝伞的4/5共120把，花伞的4/5，黑伞的3/4，蓝伞的2/3共116把，花伞的2/3＋4/5，黑伞的3/4＋3/4，蓝伞的2/3＋4/5共120＋116把，即花伞的22/15，黑伞的3/2，蓝伞的22/15共236把，花伞＋黑伞＋蓝伞＝160，花伞3/2＋黑伞3/2＋蓝伞3/2＝160×3/2＝240，（240－236）÷（3/2－22/15）＝120，蓝伞与花伞的和是120把；

第三步：（120＋30）÷2＝75把蓝伞，（120－30）÷2＝45把花伞，160－120＝40把黑伞。

第六章 脱颖而出
——更好进行工作的新思维

担起自己的责任，演好自己的角色

　　一个人的本领再大、能力再强，如果他自己不愿意付出艰苦的努力，那么也是不能很好地创造出价值的；而一个做任何事情都愿意全身心付出的人，即使他的能力稍逊一筹，也能够创造出丰厚的价值，个人的价值也会得到最好的实现。

　　有的时候，我们常常说**"责任比能力更重要"**，这其实并不是对能力的否定，而是强调在大多数情况下，责任心对工作可能会起到决定性的作用。

　　记得曾经有一位伟人说过这样的话："人生所有的履历都必须排在勇于负责的精神之后。"**责任能够让一个人精力充沛地投入到工作中去，而且能够在工作的过程中最大程度地发挥自己的潜能。**

　　杰西是一家国际著名的化妆品公司花费重金聘请到的副总经理，虽然杰西很有才能，但是令人遗憾的是，他到公司一年多了，却几乎没有为公司创造出任何的价值。

　　杰西确实算得上是一个人才，这一点我们从他的人事档案上就完全能够看的出来。他是哈佛大学的毕业生，来到这家公司之前还先后在3家公司出任高层总监。而且他十分擅长资本运作，曾经带领了一个5人的团队，用了仅仅3年时间就把一家不足100人的小企业发展成为拥有1000多名员工、年营业额高达5亿多美元的中型企业，创造了让同行都为之称道的"杰西速度"；特别是在1998年到2000年之间，杰西更是叱咤华尔街，掀起了一阵"杰西旋风"。可是我们大家不免觉得奇怪，这么优秀的人才怎么可能创造不了价值呢？

第六章　脱颖而出
——更好进行工作的新思维

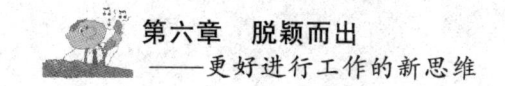

当时这家公司的总经理费拉尔虽然一点不怀疑杰西的个人能力，但是让他感到困惑的是杰西为什么不能为公司创造应有的价值？

后来，一位人力资源部的咨询师问费拉尔："你了解他具备什么能力吗？"费拉尔回答："当然了解，我在聘请他之前，我也是极为慎重的，我请了专业的猎头公司对他进行了全面的能力测试，测试结果让我感到非常满意。"之后，费拉尔还详细列举了杰西具备的种种能力，当然也包括杰西过去工作中众多的成功例子。

最后，咨询师经过深入研究发现，杰西确实是一个敢于接受挑战的人，而且工作的难度越大，越能够激发起他的奋斗欲望，杰西时刻都有一种准备冲锋陷阵的冲动，可以说这种人真的是公司的宝贵财富。

杰西后来也道出了他自己内心的想法："在我刚进入公司的时候，我充满了激情，下定决心要干一番大事业，可是后来我却发现，自己并不能按照自己设想的实现抱负，觉得工作越来越没意思，对公司也一点点失去了认同，对自己的工作也失去了认同。"杰西还说："我希望有一个可以放开手脚大干一场的工作环境，而不喜欢别人给我太多的束缚。"

原来，杰西的管理者费拉尔先生有两个致命的弱点：一是他对聘用的人总是不能够完全相信；二是喜欢自己亲自行动，不愿放权，常常出现越级指挥的情况，这样杰西就会觉得自己只是一个摆设。

人力咨询师在找到问题所在以后，将费拉尔与杰西请到了一块，并且一起分析了公司授权与指挥系统各方面的问题，明确了董事长兼总经理费拉尔的职权范围以及副总经理杰西的职权范围，重新制定了公司的授权制度与团队指挥的原则。

后来，通过二人的共同努力，公司情况发生了非常大的变化。杰西真的成为另一个样子，不但做出了让业内都感到惊讶的业绩，最后还与费拉尔先生成为了非常好的朋友。

在这个案例当中，我们可以从中得到一些启发，当杰西重新唤起了自己对待工作的负责任态度时，也就充分发挥了他本身的杰出的才能。

其实，杰西本来是非常有责任感的，当然他的能力更不用怀疑，正是杰西来公司初期的无所作为到后来的成功，更加证明了责任是胜于能力的。

思维小练习

奶牛喝水

赵康要养奶牛，他有这样一池水：

如果养奶牛30头，8天可以把水喝光；

如果养奶牛25头，12天把水喝光。

赵康要养奶牛23头，那么几天后他要为奶牛找水喝？

答：第一步：在理想情况下的。30头奶牛8天把水喝光，奶牛头数加上所用天数就是38；

第二步：25头奶牛12天喝光水，奶牛头数加上所用天数是37；

第三步：由于第一步的加和是38，第二步的加和是37，说明奶牛头数加上喝光水所用天数的和是逐次递减的；

第四步：如果23头奶牛把水喝光所用天数加上奶牛头数就应该是36，所以答案应该为36－23＝13天，即23头奶牛13天能把水喝光。

既然选择了这份工作，那就埋头干好

人有的时候总是非常奇怪，当你在付出的时候，却没有人注意到你，甚至会说一些风凉话；可是当你获得一些成就，在收获的时候，别

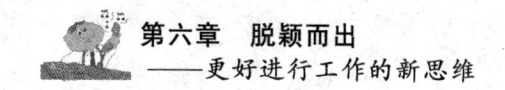

第六章 脱颖而出
——更好进行工作的新思维

人又会紧紧地盯着你看,甚至还会忌妒你,这是人的通病。

很多人往往不屑与这些人一般见识。其实,**在我们的工作当中,付出与回报往往是非常平衡的,因为有付出就会有回报。**

俗话说:"一分耕耘一分收获。"正所谓人做事,天在看。至于因自己的成功所招致的一些小人的忌妒、攻击、污蔑、诽谤,我们完全可以忽视,把他们当成是蜘蛛网轻轻地抹去,千万不要放在心上,因为这样不仅会影响自己的情绪,还会打击工作的激情。

记得曾经有人向李嘉诚请教成功的秘诀,而李嘉诚则给这个人讲了这样一则故事。

日本的"推销之神"原一平在他69岁的时候进行了一次演讲。在这次演讲会上,当时有人向他请教推销的秘诀时,原一平当场脱掉鞋袜,将提问的人请上讲台,说道:"请你摸摸我的脚底板。"

提问的人摸了摸,非常惊讶地说:"您脚底的茧子好厚啊!"

原一平却说:"因为我走的路比别人多,跑得比别人勤。"

当李嘉诚讲完这个故事之后,微笑着说道:"我没有资格请你来摸我的脚板,但我可以告诉你,我脚底的茧子也很厚。"

据说在李嘉诚年轻的时候,为了能够培养自己多走路的习惯,李嘉诚在乘坐巴士前去拜访客户的时候,往往会在目的地的前一站就下车了。

其实,李嘉诚的这个故事就告诉我们:在人的一生当中任何一次成功的获取,往往都始于努力工作,而且还需要有一种勤奋的精神。**努力工作、用心工作、勤奋工作,这才是成功的根本。可以说这既是基础,也是秘诀。**

如果我们不努力工作,那么就无法享受到成功之果的芬芳和甜蜜,我们应该明白,没有任何一个成功是唾手可得的。

我们都知道寓言中守株待兔的人，他曾经不费吹灰之力就得到了一只兔子，但是在这之后，他就再也没有得到半只兔子。因此，我们千万不要指望不劳而获的成功，一定要努力工作，积极进取。

在我们的这个世界上，总有一个角落散布着许多自以为是的"可怜虫"，我们从他们口中听到最多的就是"没有机会"、"运气不好"等托辞。可是当机会叩响他们大门的时候，他们却又充耳不闻，因为这个时候他们正躺在床上睡大觉，做着天上掉馅饼的美梦。

在现实生活中，一夜暴富、一夜成名的情况不是没有，但是我们不要奢望这种事有一天也会发生在自己的身上。

换句话说，在那"一夜"之前，你是否曾经探究过成功者到底勤奋地付出多少呢？当然，花两块钱买彩票最后中了500万元的情况也有，但据说这种概率就好比是在一个人口多达百万的大城市中，上天降一个巨雷把一个人连续电击几次那样渺茫。

可见，我们不要幻想有意外的钱财来装满你的口袋，更不要去埋怨机会为什么迟迟不来眷顾你。

俗话说："万丈高楼平地起"，**一个人的成功有的时候看起来好像很意外，但是似乎又都在意料之中。**

哪怕一个人看起来可能天资平平，但是如果他能够做到持久的努力，那么一定会让他的所有愿望都成现实。

努力能够带来成功，懒惰往往导致失败。成功是勤奋和智慧的回报，努力生活和工作的人总是能够掌握好自己的命运。哪怕这个人天生智力一般，但是踏踏实实地苦干也能弥补先天不足，你也一样能够获得成功。

第六章　脱颖而出
——更好进行工作的新思维

思维小练习

凶手是谁?

不久前，有一个大明星被杀害了，警察抓住两个嫌疑犯，但是不能判断他们到底谁是凶手。于是警察就开始调查，结果发现这个大明星生前有一个爱好：喜欢收藏鞋子，她的鞋箱在被翻乱之后，又被凶手放好。

警察发现她有80双鞋子，红箱子有红色和绿色的鞋子各20双，绿色箱子有红色和绿色的鞋子各20双，这些鞋子摆得很整齐。警察问两个嫌疑犯："你们谁是红绿色盲？"甲说："乙是红绿色盲。"聪明的你能猜出请是凶手吗？

答案：甲是凶手，因为鞋子很整齐，乙是色盲，他不会把鞋子摆得那么整齐。

接受工作的全部，才能享受完整的快乐

工作不仅要做好，更要做到位，特别是在工作中要做到有始有终，把工作做完整了。但是在实际工作中，有的人做事情总是虎头蛇尾，他们做事的时候只能保证一个良好的开端，却没有一个令人满意的结果，往往给人留下一种有始无终的坏印象。

对于那些做事情有头无尾、有始无终的人，有一幅漫画为我们做了非常形象的描绘，画中人挖了无数口水井，结果都没有挖到头，自然这个人也永远都喝不到水了。一个人如果做事情总是半途而废，那么谁还敢把重要的任务交给他呢？

很多人之所以无法获得成功，并不是因为他们的能力不够、热情不足，而是因为他们缺乏一种坚持不懈的精神。

他们在做事情的时候往往虎头蛇尾、有始无终，不负责任，草草了事。而且他们也常常会对自己的目标产生怀疑，行动起来也犹豫不决。

比如说，当他们看准了一项工作，便充满了热情开始去做，可是常常工作刚做到一半，他们又会觉得另一份工作更有前途。他们时而信心百倍，时而又情绪低落。

其实，这种人在短时间内也许会取得一些成就，但是，如果从长远的发展来看，最终还是一名失败者。**因为在这个世界上，还没有一个做事马马虎虎、有始无终的人能够获得真正的成功。**

美国的一位励志大师曾经讲过这样一个故事：

在很多年以前，有一个人正要将一块木板钉在树上当隔板，结果吉米便走过去管闲事，说要帮那人一把。吉米说："你应该先把木板头锯掉再钉上去。"于是，吉米找来了锯子之后，还没有锯到两三下又撒手了，说要把锯子磨快一些。

就这样，吉米又去找锉刀，而接着他又发现必须先在锉刀上安装一个顺手的手柄。所以接下来吉米又去灌木丛中寻找小树，可砍树的话又要先把斧头磨快。

可是最后磨快的斧头又需要将磨石固定好，这又免不了要制作支撑磨石的木条。而制作木条又少不了木匠用的长凳，可是这要没有一套齐全的工具是不行的。

于是，吉米只好回到村里找他所需要的工具，然而就是这一去，却也不见回来。

吉米就是一个做什么事情都虎头蛇尾，有始无终、半途而废的人。在刚开始的时候，吉米曾经废寝忘食地攻读法语，但是要想真正掌握法

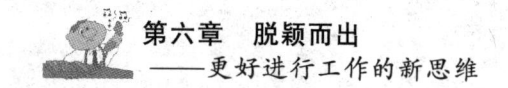

第六章 脱颖而出
——更好进行工作的新思维

语,那么就必须首先对古法语有一个透彻的了解,而这又要求对拉丁语进行全面掌握和理解。所以,吉米进而发现,掌握拉丁语的唯一途径就是学习梵文,之后便一头进入梵文的学习之中,而这又是一件吃力不讨好的事情。

吉米从来没有获得过什么学位,他所受过的教育也始终没有用武之地。但是吉米的运气并不糟糕,他的先辈为他留下了一些本钱。于是吉米拿出了10万美元投资办一家煤气厂,可是由于煤气所需要的煤炭价钱昂贵,这让他大为亏本。

后来,吉米以9万美元的价钱把煤气厂转让了出去,又开始办起了煤矿厂。可是这一次他又不走运,因为采矿机械的耗资太大。所以,吉米把在矿里拥有的股份变卖了8万美元,自己开始进入煤矿机器的制造业。从那以后,吉米更像是一个内行的滑冰者,在有关的各种工业部门中一进一出,没完没了。

其实,在现实当中有很多人就和故事中的吉米一样,做事情虎头蛇尾、半途而废。而这样一来,不仅工作最后做不出什么结果,更为严重的是,它有可能给你带来心理上的挫折感,甚至会让一个人养成虎头蛇尾的工作习惯——这将是一个人最大的损失。

思维小练习

黑色珠子有多少

观察图形:○●○●●○●●●●○●●●●●●●●○……前200个珠子中有多少颗黑色的?

答案:看图形可知,白色珠子一次一颗,黑色珠子除第一个外,其余是按照2的n次方的规律排下去。第一块黑珠子有1颗,第二块有2颗,第三块有 $2 \times 2 = 4$ 颗,第四块有 $2 \times 2 \times 2 = 8$ 颗,第五块有 2×2

×2＝16颗，第六块有2×2×2×2×2＝32颗，第七块有2×2×2×2×2＝64颗，第八块有2×2×2×2×2×2×2＝128颗。可以推断出，前200颗珠子中有8颗白的，有192颗黑的。

态度就是竞争力

每个人都有着不同的生活和工作的轨迹，有的人能够成为公司里面的核心员工，而有的人可能会一直碌碌无为，甚至有的人会牢骚满腹。那么同样是人，我们为什么彼此之间会有这样大的差异呢？到底是什么在造就我们和改变我们呢？

答案就是"态度"！**态度是每个人内心的一种潜在意志，是个人的能力、意愿、想法、感情、价值观等，在生活和工作中所体现出来的外在表现。**

在生活和工作当中，我们身边有着形形色色的人。而且每个人都有自己的态度。有的是勤勉进取；有的是悠闲自在；有的是得过且过。

杰克、史密斯、玛丽三个人是同一家公司的同事，但是他们对待生活和工作的态度却完全不同。

杰克的口头禅是："那么拼命干什么？大家不拿同样一份薪水吗？"

所以杰克从来都是按时上下班，可以说职责之外的事情他是一概不理，分外之事更是不会主动去做。杰克就是抱着"不求有功，但求无过"的心态生活和工作。

每当杰克遇到挫折，他最擅长的事情就是自我安慰："反正升职的也是极个别的，大多数人还不是像我一样原地踏步，无所谓的。"

而史密斯永远都是悲观的心理，他几乎总是死抱怨他人与环境；把

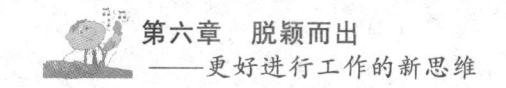

第六章 脱颖而出
——更好进行工作的新思维

自己所有的不如意,都看成是外界环境造成的。

他常常会给自己设置障碍,让自己本身的潜能根本无法发挥。其实杰克和玛丽都说过,史密斯是一个有着优秀潜质的人。可是由于他整天生活在一种负面的情绪里,所以就无法感受到生活和工作是多么的美好。

和杰克、史密斯不一样的是玛丽,我们总是能够在公司里看见玛丽忙碌的身影,她喜欢热情地和同事们打招呼,永远看起来都是精神抖擞,积极乐观。

而且玛丽总是积极寻求解决问题的办法,即使是在遇到巨大挫折的情况下也是如此。

公司的同事们都喜欢和她在一起,虽然玛丽整天非常忙碌,但是却始终生活在积极的情绪中,时刻享受着生活和工作的乐趣。

就这样,在一年之后,杰克仍然做着他的销售工作,上司对他的评价也是普普通通。而在公司里面人们已经很久没有见到史密斯了,原来去年由于经济不景气,公司需要裁员,部门经理第一个就想到了他。

而玛丽积极进取的态度获得领导们的赏识,她已经从一名职员被提升为人事经理,对玛丽而言,新的挑战才刚刚开始。

其实在公司里,员工与员工之间在竞争个人智慧和能力的同时,也在进行态度的竞争。一个人的态度直接决定了他的行为,决定了他对待生活和工作是尽心尽力还是敷衍了事,是安于现状还是积极进取。

态度越积极,决心越大,对待生活和工作就会投入更多的心血,而从生活和工作当中获得的回报也会更大。

事实上,不管你现在做什么工作,工作的单位有多大,也不管你现在的工作是多么的糟糕,工作单位是多么的小,我们每个人只要在当中进行工作,就会有所作为。

当然，可能有的上司会对你的工作设置一些障碍，甚至当你的工作已经做得非常出色了，但是他却视而不见，或者不能给你充分赏识和鼓励；也有一些上司愿意对员工进行培训，改善他们的业绩，并给予鼓励，等等。

这些客观的条件我们都不应该过分地看重，你应该相信，你始终保持一种积极的态度，做出卓越的工作表现，总有一天会获得巨大的成功。

也许在一开始，你会觉得这种积极的态度很不容易坚持下去，但是你坚持下去之后，你会发现，**这种积极的态度会成为你个人价值的重要一部分**。而当你体验到他人的肯定给你的工作和生活所带来的帮助时，你一定会一如既往地将这种积极的态度不断运用到生活和工作中。

思维小练习

鞋子的颜色

屈程买了一双漂亮的鞋子，她的同学谁都不曾见过这双鞋，于是大家就猜，有人说："你买的鞋不会是红色的。"有人说："你买的鞋子不是黄色就是黑色。"也有人说："你买的鞋子一定是黑色的。"这三个人中的看法至少有一种是正确的，至少有一种是错误的。请问，屈程的鞋子到底是什么颜色的？

答：如果屈程的鞋子是黑色的，那么三种看法都是正确的，这样不符合题意；假设是黄色的，前两种看法是正确的，第三种看法是错误的；假设是红色的，那么三句话都是错误的。因此，屈程的鞋子是黄色的。

第六章　脱颖而出
——更好进行工作的新思维

激情是工作的灵魂

生活需要激情，做事业，求发展，更离不开激情。在做事情的过程中，有激情的人更容易成功，而没有激情的人往往会碌碌无为。

当我们对一件事情充满激情，就可以把我们身上很多休眠的资源激活，把我们全身的每一个细胞的活力都充分调动起来，这样才能够出色地完成一件事情。而一旦一个人丧失了激情，就好像是沸腾的水迅速被冷却，工作的效率将大大降低，即使一个在能力上完全能够做好这件事的人，也很难保持原有的高效率，改革和创新更是无从谈起。

其实，**有的成功与其说是来自于一个人的勤奋，倒不如说是来自于一个人的激情更为贴切与合适。**

特别是在一个公司里，那些混了好多年的"老油条"们在嘲笑一个新员工"傻乎乎"热情工作的时候，可能在他们的心中会惊奇于某一个新手居然能够在极短的时间内达到了他们花费了几年才有的高度，甚至可能更让他们瞠目结舌的是令他们垂涎已久的管理者的职位，最后竟被会被这个小伙子轻易得到。

我们在工作当中，经常会听到表扬一个员工说"这个人对工作很有激情"。是的，在职场当中，我们每个人在工作中都会遇到很多挫折，保持激情是至关重要的，而且能够拥有一种持续的激情更是难能可贵的。

可能在有的时候，我们会因为做好了一项工作，得到了领导的表扬，而感到沾沾自喜，工作也就有了很大的动力；可是领导是不可能天天表扬你的，当你在工作中做错了事情，领导就会批评你，那么你觉得自己还能够保持工作的激情吗？

还有这样的一些人，他们认为自己工作了几年了，什么都会了，不需要再像当初那么努力了，只要把眼前的事情做好就行了。那么请问你的激情哪里去了？没有了激情，你还指望靠什么去拼搏与奋斗呢？

曾经有这样一个故事，一个年轻人非常想知道如何获得成功，而他听说某处住着一位智者，而且很多人在这位智者的指引下都走上了成功的道路。所以，他很想去拜访这位传说中的智者，亲自向他请教成功之道。后来，年轻人费尽了千辛万苦，终于找到了智者。

年轻人问道："智者，您可不可以教我如何做才能够成功呢？"

智者很简单地回答道："你想成功吗？那跟着我走吧。"

智者说完之后，看也不看年轻人，就径自朝着海边走去。而年轻人为了能够得到成功的秘诀，自然是紧紧跟随其后。

他们一直走着，走着，智者竟然把年轻人带进了海里面。越往前走水越深，直到水已经淹没到胸部了，眼看着再走下去就没命了。突然，只见智者将年轻人的头用力压入水中，年轻人为了活命只能奋力挣扎。可是这位智者一点也不松手，大约过了一分钟，智者才把手松开。

年轻人深深地吸了一口气，怒吼道："老家伙，你想淹死我吗？"

智者笑着回答道："如果你渴望成功能够像你刚才想呼吸那样强烈的话，你早就迈向成功之路了。"

我们应该对生活和工作充满激情，因为**激情是成功的决定条件。激情更是我们创新生活、追求卓越的活力及动力所在**，唯有充满激情，做事情才能更有效率。

所以，我们对待生活和工作都要有激情，如果我们都把自己的工作当做事业去做，让自己融入其中，并且有一股百折不挠的勇气和奋力开拓的锐气，那么我们人人都能够走上成功的大道。

第六章　脱颖而出
——更好进行工作的新思维

思维小练习

竞赛成绩

鑫淼参加学校举行的小学生知识能力竞赛，比赛结束后，乐乐问鑫淼得了第几名，鑫淼故意卖关子，说："我考的分数、名次和我的年龄的乘积是1958，你猜猜看。"乐乐想了没多久就说出了鑫淼的分数、名次和年龄。

那么，你知道鑫淼多大吗？他的竞赛名次和分数呢？

答：第一步：鑫淼考的分数、名次数和他年龄的乘积是1958，就说明分数、名次数和年龄是1958的质因数；

第二步：将1958因式分解，得质因数1、2、11、89；

第三步：因为这是小学生知识竞赛，所以鑫淼的年龄不可能是1、2，更不可能是89，只能是11，所以鑫淼的年龄是11岁；

第四步：鑫淼的分数是89，相应的竞赛名次是2。

点燃你工作的激情

如果你要问有哪一种品质是成功的人都具备的，那就只能说他们比其他人更在乎一些东西。很多人不在乎细节，其实没有什么事情会因为微小的原因而不值得我们去挥汗，当然，也没有什么事情大到我们不可能办到。

火热的欲望产生激情，激情造就卓越。爱默生曾经说过："没有激情，就没有任何事业可言。"

是的，有欲望的人才有可能获得成功，而你的任务就是要把这种欲望转化为你心中的熊熊火焰，让这一火焰把自己燃烧起来。

比尔·盖茨也说过："每天早晨醒来，一想到所从事的工作和所开发的技术将会给人类生活带来的巨大影响和变化，我就会无比兴奋和激动。"也正是由于这种激情，激励着比尔·盖茨创立了世界上最著名的公司之一，当然也使得个人电脑在世界上得以普及。

沃尔玛公司的创始人萨姆·沃顿，在他80多岁的时候还在马不停蹄地到全国各地进行巡视，督察他那些庞大的连锁店帝国。

记得有一次萨姆·沃顿去南美洲进行考察的时候，因为在超市里面不断地爬上爬下测量货架之间的距离，最后被超市的工作人员报警，送进了警察局。

虽然我们每一个人对于理想、未来都有自己的考虑，但不一定非要像这些大富豪一样积累巨大的财富。

但是**我们一定要有属于我们自己的追求**。你应该明白，当你来到这个世界以后，不是为了每天浑浑噩噩、稀里糊涂地过日子，如此平庸过完一生。你为的是能够在生活或者工作当中体现出自己的人生价值，发挥出自己的本色，做一个最好的自己。

其实我们谁也不愿意让自己的人生虚度了，我们每个人都希望自己能够活得充实而美满，富有意义。

积极的进取心我们每个人都有，可是随着岁月的流逝，越来越多的人却失去了斗志和激情。

记得有一位天主教的神父到修建中的教堂工地上去视察，随口就和工人们聊起天来。神父看见一个工人正在专心地敲着石头，于是就问他在干什么，这个工人便说："你没看到吗？我在敲石头。"

神父听完之后继续朝前走着，看到另一个工人也在做同样的工作，于是也为了他同样的问题，这个工人说："我在工作赚钱。"

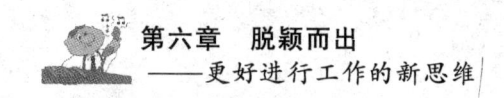

第六章 脱颖而出
——更好进行工作的新思维

神父又朝前走着，见到了第三个工人，结果当这位工人听完神父的问话之后，热切地说："神父，我正在盖一座大教堂，这样以后就会有更多的人来这里作礼拜了。"

这个故事就是告诉我们，**要热爱自己的工作**。这句话说起来容易做起来难，**关键在于我们要看到自己所做的事情是有意义和价值的**。如果你现在能够换一种眼光来看待你现在的工作，那么你就会对工作有一种全新的认识。

当你对一件事了解的越多，你就会对它越感兴趣。我们可以想想看，你会对你从来没有接触过的事情感兴趣吗？答案肯定是不会的，因为你可能根本都没有兴趣去接触和了解它。

可是，一旦当你对这件事有了更多的了解，那么你就能够发现其中的乐趣。所以说，你不妨对你现在的工作多进行一些研究，多思考其中的窍门，慢慢地你就会发现，不仅你的工作能力提高了，而且你也能够充满激情地去工作了。

思维小练习

买西瓜

有六个小朋友去水果店里买西瓜，他们分别带了 14 元、17 元、18 元、21 元、25 元、37 元钱，到了水果店里，他们都看中了一种西瓜，一看定价，这六个人都发现自己所带的钱不够，但是其中有 3 个人的钱凑在一起正好可买 2 个，除去这 3 个人，有 2 人的钱凑在一起恰好能买 1 个。那么，这种西瓜的价格是多少呢？

答：既然两个人的钱凑在一起可以买 1 个，那证明这种西瓜的价格是整数。有 3 个人的钱凑在一起可以买 2 个，除去这 3 个人，还有 2 个人的钱凑在一起能买 1 个，证明这 5 个人的钱一共能买 3 个。6 个人的总钱数是132元。也就是说132减去一个人的钱数应该能被3整除。那么132只能减18或者21。(132－18)／3＝38，而14，17，21，25，27中的17和21组合能组成38，满足题目的要求。同理，另外一种情况不满足题意，所以这种西瓜的价格是38元。

做进取者

如果你有一块带有磁性的金属，那么它可以吸起比它重1倍的物体，可是如果你除去这块金属的磁性，那么它连轻如羽毛的东西都吸不起来。同样的道理，**我们每个人都有两面性。**

一面是充满磁性的，这时的我们往往充满了信心和信仰。我们知道自己是一个胜利者、成功者。

而另外一面就是没有磁性。这个时候，我们可能充满了畏惧和怀疑。即使在机会到来的时候，我们也会说："我可能会失败，我可能会失去我的钱，人们会嘲笑我。"如果我们总是抱着这样的心态做事情，那么是不可能有任何成就的，因为如果一个人害怕前进，那么他们只好停留在原地。可以说，**有磁性的人往往能够主动进取，而缺乏磁性的人则消极被动。**

所谓主动进取就是说我们每一个人应当不断地发展自己，不断地丰富自己，不满足于现状，不断否定自己，不断超越自己，不断给自己树立新的目标。

进取精神是一种积极的心态，具有进取精神的人不会是因为环境好，工作条件好，业绩出色就驻足不前，他们反而会因为这些更加勤奋努力地工作，从而追求更大的成就。

如果环境不好，生活艰苦，工作条件恶劣，他们也不会被这些所压

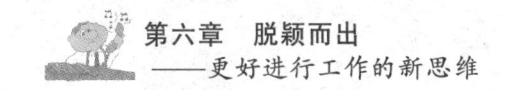

第六章 脱颖而出
——更好进行工作的新思维

倒。他们能够改变自己的生存环境,为自己的成功而不懈努力,这就是他们的信念和行动。

进取心是一个成功者必备的心态,更是一种勤奋努力的优秀品质。 曾经有人向美国一个亿万富翁咨询过成功的秘诀,而那位富翁的回答让所有人都非常震惊,他说:"我还没有成功呢!**没有人会真正成功,前面还有更高的目标。**"

其实,我们每个人的人生就是一场比赛,每个人一出生就投入到了这场比赛之中,需要通过自己的不断努力进行拼搏,最后取得成功。

苹果电脑公司的老板史蒂夫·乔布斯在自己 25 岁的时候就成为了美国有史以来最年轻的,而且是靠白手起家成长起来的百万富翁。之后,他又成为了白宫的座上宾,被里根总统称做"美国人心目中的英雄",这一切都是因为他进取的态度。

乔丹是我们很多人都非常喜欢的篮球巨星,也是美国 NBA 历史上最杰出的运动员之一,他之所以能够取得如此辉煌的成绩,就是因为乔丹在取得每一项成功之后,都会把目光投向未来更高、更远的目标。

最值得我们中国人骄傲的运动员刘翔,他为什么能够打破传统观念,成为整个中国,甚至是整个亚洲的骄傲呢?

原因就在于刘翔并没有被既成的意识所束缚,他通过自己的积极进取打破"现状"。刘翔一步一个脚印,从中国赛场跑向了世界赛场。最后,在国际田径历史上,他以 12 秒 88 的成绩打破了 110 米栏的世界纪录!

在 20 世纪,世界画坛上出现了一个被称为"天才中的天才"的人物——大画家毕加索。在毕加索 16 岁那年,他就因为举办了一个个人画展而一举成名。

在毕加索漫长的人生旅途中，他不停地进行工作，总共创作了4500多件艺术珍品。这些珍贵的作品也记录了毕加索所经历的写实主义时期、蓝色时期、玫瑰色时期以及各种画风杂交时期。

在毕加索的一生当中，他的画风都在进行着不断的改变，当时不仅观众应接不暇地骂他是"邪恶的天才"，就连评论家也惊斥他是"艺术的变色龙"，但是，最后举世公认他是一位"20世纪艺术的领路人"，是"一个点石成金的稀有天才"。

这一切，固然与毕加索自身的天赋有关，但是更为重要的是毕加索自己的不断进取，最终让他的勤劳果实成为了艺术界中的巅峰之作。

懂得浅尝辄止是对的，但是如果过分地安于现状、不思进取，那么是不会做出什么大成就的，他们的勤奋只不过是在平庸人生之中的无用功。

真正成功的人是主动进取的，他们总能够不停地超越自我、拓宽思路、扩充知识，敞开生活之门，希望自己比周围人走得更远。

他们有足够坚强的意志，能够激励自己做出更大的努力，通过自己的勤奋努力来获得一片精神沃土，让我们的人生和事业能够不断生根发芽，获得最好的结果。

思维小练习

巧分遗产

小马不幸得了绝症，不久就要离开人世。而小马生前有7万元的遗产，他死前他的妻子小周已经怀孕了。

遗嘱规定，如果小周生下的是儿子的话，小周所得的遗产将是她儿子的一半，如果是女儿的话小周的遗产就是女儿的两倍。结果小周生下

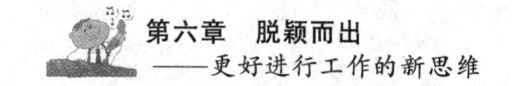

第六章 脱颖而出
——更好进行工作的新思维

的是双胞胎，一儿一女。这下子律师为难了。恰在这时一个高中生说了一个方法，便轻松地解决了这个难题。你知道这个高中生是怎么分的吗？

答：女儿10000，小周20000，儿子40000。设小周得到 X 元，则儿子得到 2X，女儿得到 X/2。2X + X + X/2 = 70000。最后求得女儿10000，小周20000，儿子40000。

比别人多做一点

西方有一句谚语："工作中的傻子永远比睡在床上的聪明人强。"特别是对于那些刚刚踏入社会的年轻人来说更是如此。我们想要取得成功，就必须做得更多更好，而成功的人永远都是比一般人要做得更好和更加彻底。

当你身在职场当中，我们都应该牢记一句俗语："对未来的真正慷慨在于向现在献出一切。"如果你能够用一种正确的态度去工作，那么成功、幸福自然就会来到你的身边。所以说，我们一定要有所作为，千万不能枉度了此生。

特别是有的人在做事情的时候，总是喜欢斤斤计较，抱着一种"事不关己，高高挂起"的心态，这样的人迟早都会葬身于社会的海洋当中，像海草一样腐烂。

在柯金斯担任福特汽车公司总经理的时候，有一天晚上，公司由于有非常紧急的事情，要发通告信给所有的营业处，所以需要全体员工的协助。可是不料，当柯金斯安排一位书记员去帮忙套信封的时候，那位书记员却非常傲慢地说："这不是我的工作，我不做！"

141

当柯金斯听了这话，一下就愤怒了，但是他控制住自己的情绪，非常平静地说："既然这件事不是你分内的事，那就请你另谋高就吧！"

其实，我们每一个人都希望能够纵横在社会的海洋当中，能够乘风破浪。而这除了尽心尽力做好自己的事情之外，还需要比别人多做一些分外的事情。

因为多做一点点，就可以让你每时每刻保持一种昂扬的斗志，能够在工作和生活当中不断地激发自己、充实自己。

而且，多做一些事情，也会让你拥有更多的展示自己的机会，能够把自己的才华适时地表现出来，引起别人的注意，这些对于一个人获得成功是非常重要的。

王静曾经是一家连锁超市的打包员，她总是日复一日地重复着几乎不用动什么脑子，甚至是不需要什么技巧的简单工作。

可是有一天，王静却听到了一个主题为《建立岗位意识和重建敬业精神》的演讲，于是她自己便想着如何通过自身的努力让自己单调的工作变得丰富和有意思起来。

也就是从这一天开始，王静决定让自己的母亲教她使用计算机，而且还设计了一个程序，然后，每天晚上回家之后，王静就会把今天工作的收获写入到电脑当中，之后会打上好多份，然后在每一份的背面都签上自己的名字。这样到了第二天，王静在给顾客打包的时候，就把这些写着温馨有趣或者是发人深省的小纸条放入客户的购物袋中。

她始终坚持着，结果有一天奇迹发生了。这一天，连锁店的经理来到店里，发现王静的结账台前排队的人居然要比其他结账台多出3倍！当时经理对着人群大声嚷道："多排几队！不要都挤在一个地方！"可是根本就没有人听，而且顾客们说："我们要排王静的队，因为我们想要

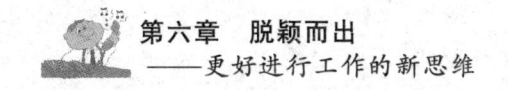

第六章 脱颖而出
——更好进行工作的新思维

她的小卡片。"就在这个时候,一位妇女走到经理面前说:"你不知道,我过去一个星期才来商店一次,而现在每当我路过这里就会进来,因为我想要王静的那张小卡片。"

我们每个人面临的最大挑战不是天灾人祸,也不是改变命运的选择,而是日复一日、年复一年地重复做着极其枯燥的工作。一个能够在旷日持久的平凡工作中孕育出伟大,在重复单调的工作中享受到生活的人,才是真正成功的人。

所以,我们每一个人都应该在平凡的岗位上创造出不平凡的业绩,把简单的事情做得不简单。其实,许多成功的人都明白,要想让平凡的事情变得不再平凡,那么你在做这件事情的时候,就要做到超过别人对你的期望,你就会如愿以偿。

著名的企业家詹姆斯·卡什·彭尼说过:"除非你希望在工作中超过一般人的平均水平,否则你便不具备在高层工作的能力。"可见,我们每个人都应该努力去做一些自己职责范围以外的事情,而且不仅要做,还要比别人做得更多、更彻底,只有这样,你的付出才会获得回报。

思维小练习

黑白手绢

六年级一班的学生在元旦时开了一个联欢晚会。其中有一个游戏环节是需要全班同学都参与的。

班长给每个人背上都挂了一个手绢,手绢只有黑白两种颜色,其中黑色的手绢至少有一个。每个人都看不到自己背上究竟是什么颜色的手绢,只能看到别人的。班长让大家看看别人背上的手绢,然后关灯,如果有人觉得自己的手绢是黑色的,就咳嗽一声。第一次关灯没有反应,

143

第二次关灯依然没有反应，但第三次关灯后却听到接连不断的咳嗽声。你觉得此时至少有多少人背上是黑手绢？

答：三个黑手绢。假如只有一个人背上是黑手绢，那么这个人在第一次开灯时就会咳嗽的，事实上他没有，所以不止一个人背上是黑手绢；如果是两个黑手绢，那么在第二次关灯时就该有两人咳嗽，结果仍没有，说明背上是黑手绢的人要多于两人。第三次关灯时有人咳嗽，说明此时最少有三个人发现自己背是是黑手绢，所以他们会咳嗽。所以至少有三个人背上是黑手绢。

第七章 龟兔赛跑
——做时间主人的新思维

提高时间的利用效率

时间是最宝贵的财富。没有时间，我们的计划再好，目标再高，能力再强，一切都是空谈。时间虽然如此宝贵，但是它还是最有伸缩性的，因为它既可以一纵即逝，也可以发挥最大的效力。

记得在伏尔泰的作品中提到过一个谜语："世界上有一样东西，它是最长的也是最短的，它是最快的也是最慢的，它最不受重视但却又最受惋惜；没有它，什么事也无法完成。这样的东西可以使渺小的东西归于消灭，也可以使你伟大的生命永续不绝。"其实这所讲的就是时间。

在"钟表王国"的瑞士温特图尔钟表博物馆内的一些古钟上面刻着这样一句富有哲理的词句："如果你跟得上时间的步伐，你就不会默默无闻。"

现如今，我们每个人的生活和工作节奏就好像车轮在飞速旋转。特别是在一次性学习时代结束、终身学习的热潮掀起之际，高效、合理地利用时间，成为了时间的主人，提升自身能力成为我们提高时间利用率的关键。

宋代的大文学家欧阳修曾经对他的朋友谢希深说："我的文章，多数是利用'三上'进行构思、打好腹稿的。所谓'三上'，就是马上、枕上、厕上。"其实，欧阳修就总是利用零星时间进行写作，当时他每写一篇文章，就会把它贴在卧室的墙上，随时看，随时修改，直到最后改到自己满意为止。

一句古老的谚语**"事情就怕加起来"**说的也是这个道理。一切在事业上有所成就的人，在他们的传记里常常可以读到这样的句子："利用

第七章 龟兔赛跑
——做时间主人的新思维

每一分钟来读书。"

而与上面这样的成功人士形成明显反差的是，有一种人总是视时间如粪土，时间自然也会对这样的人进行毫不客气的报复。

记得在18世纪法国启蒙运动思想家孟德斯鸠写过一篇《一个法国人的墓志铭》："此地安息着一个生前不曾得到安息的人，他曾经追随过350队送葬行列。他曾经庆贺过3680名婴儿诞生。他用永远不同的词句，祝贺人们所得的年俸，总数达到260万磅；他在城市走过的道路，总长9600斯大特（古希腊路的计量长度），他在乡间走过的路，总长36斯大特。他言谈多逸趣，平时准备好365篇现成的故事；此外，从年轻时起，他从古书中摘录箴言180条，生平逢有机会，即以此显耀。他终于弃世长逝，享年六十。"

在孟德斯鸠的笔下，那一大堆很具有讽刺意味的数字只不过是这个人窝囊一生的真实记录。

这个人一辈子的大好时光居然毫不可惜地为没完没了的庸俗化的应酬所消耗掉了，而这也不能不让我们为之感到遗憾。

时间对谁都是公平的，不管是你职务高低，年龄大小，学识深浅，时间在任何人面前都是平等的。那么我们如何获得更多的时间呢？

伟大的爱因斯坦曾经说过："人的差异在于业余时间。"现实情况的确如此，现在很多人将大量的业余时间用在了各种应酬上，赴饭局，打麻将，聊大天，结果让许多时间就这样白白地溜走了，实在是让我们感到可惜。

其实，我们的日常生活中，有很多零星、琐碎的时间，例如：我们每天上班等车的时间，中午吃饭的时间，等等。如果我们能够好好珍惜这些零碎的时间，把它们合理地安排到自己的学习和工作当中，那么时间就会积少成多，就会为自己带来更多的时间。

思维小练习

兄弟比赛

兄弟俩进行100米短跑比赛。哥哥以3米之差取胜,哥哥到达终点时,弟弟才跑了97米,弟弟不服气,提议再比一次。这一次哥哥从起点线后退3米开始起跑,假设第二次比赛两人的速度保持不变,谁能赢得第二次比赛?

答案:有人可能会认为第二场比赛的结果是平局,但这个答案是错的。因为由第一场比赛可知,哥哥跑100米所需的时间和弟弟跑97米所需的时间是一样的。在第二场比赛中,哥哥和弟弟同时到达97线,而在剩下的相同的3米距离中,由于哥哥的速度快,所以还是哥哥先到达终点。

把时间花在你擅长的事情上

对于自己我们应该有一个充分的了解和认识,做自己擅长的事,不可眉毛胡子一把抓。人的能力是有限的,一个人不可能样样都在行,能给自己准确定位的人才能算得上是真正的聪明的人。成为你自己就是要知道,你能做什么,你想做什么,你的优势是什么。否则你将会无所适从,在舆论的压力下走投无路。

卓越的女数学家苏菲·柯瓦列夫斯卡娅始终坚持着自己在数学方面的才能,尽管道路曲折,但最终她还是取得了成功,完成了梦想,并成为了女性的楷模。

卓越的女数学家苏菲·柯瓦列夫斯卡娅是世界历史上第一个获得科学院院士的女科学家。苏菲的求学路十分艰辛。当时的俄国,学校不对

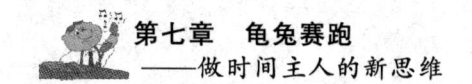

第七章 龟兔赛跑
——做时间主人的新思维

女子开放,只有欧洲的一些国家的某些学校肯接受女学生。为了求学她以假结婚的办法从父母监护下解脱出来,然后出国。

苏菲来到德国海德尔堡。没料到,这里的大学也不让女生注册,只勉强同意旁听基础课。苏菲学完三个学期基础课后,来到首都柏林想进一步学习数学。遗憾的是,柏林大学规定女生不得听教授讲课。尽管她带来了海德堡教授的几封推荐信,仍旧是不能进入,于是她只好直接找了维尔斯特拉斯教授。维尔斯特拉斯教授被苏菲的真挚和好学的精神感动。他接待了苏菲并向她提出一些比较新颖的难题,这名异国女青年解题技巧和独到的思维方法给老教授留下深刻的印象,便破例答应每星期日为她个别授课。

在维尔斯特拉斯的指导下,1874 年,仅 24 岁的苏菲就获得了哲学博士文凭。她是哥庭根大学第二个女性博士。成为世界上屈指可数的女数学家。维尔斯特拉斯教授在推荐书中说,在来自全世界各国的学生中,没有一个人可以胜过柯瓦列夫斯卡娅女士。维尔斯特拉斯对苏菲在关于偏微分方程的理论的工作非常赏识,很想介绍她教书,可是各地的大学都极力反对,维尔斯特拉斯教授在这样强大的反对力量下也是爱莫能助,苏菲只好回到俄国去了。尽管她的学术成就得到公认,但回国谋职仍成问题,因为沙俄时代根本不允许妇女获得科学家的称号,只安排她做小学教师。

苏菲在个人生活上也遭到了不幸。她丈夫后来弃职从商,终因破产而自杀身亡,留下 6 岁女儿。尽管受到这样的打击,她决定再度出国谋求能施展才华的职业。1883 年取得斯德哥尔摩大学无报酬试教一年的职位。由于她讲课条理清晰,生动感人,充满启迪人的思维的热情,一年后被聘任为该校数学教授,继而又被聘为力学教授,成为第一位女数学教授、力学教授。

1888 年,法国巴黎科学院对"刚体绕固定点旋转"的问题进行有奖征文，参加者在论文里附上一条格言，名字就放进写有同样格言的信封里，这样学术委员会在裁判时就不会有任何偏见。结果在应征的15篇论文中有一篇以"讲你所知道的事情，做你所应做的事情，该是什么便是什么"为格言的论文最出色。这篇论文的作者就是苏菲。至此它成为了首位跨进科学院的女性，实现了自己"干自己应干的事，做自己想做的人"的凤愿。

在1891年初，苏菲因感染流行性感冒病死于斯德哥尔摩，并安葬在那里。虽然她只活了短短的41年，可是她为科学作出了贡献，尤其是为女性权益作出的了巨大的贡献。

苏菲的求学道路是曲折的，但她始终明确自己要的是什么，并一直在朝着那个方向努力，成为了那个时代少有的女科学家。

只有做自己最擅长的事，才能最大限度地发挥自己的潜力，调动一切积极因素，把自己的才能发挥得淋漓尽致，获得成功。反之，如果我们不知道自己擅长什么，也不懂自己想要的是什么，别扭地做着自己不擅长的事，干着自己不喜欢的工作，在工作中没有足够的热情，也就不会有什么显著的成绩。

人们往往只懂得羡慕那些有成就的人，然后随波逐流盲目地效仿，从来不了解自己到底是否擅长，结果自然是徒劳；如果你确切地知道自己这一生要的是什么，而且也明白自己擅长什么和不擅长什么，在充分发挥你的才能的基础上，在扬长避短的前提下，选择自己的方向，付出努力，这样才能成功。有些事情不管你再怎么努力也是徒劳。与其承受着巨大的压力让自己活得痛苦还不如舍弃一些，让自己喘一口气，**要想活得轻松快乐，就必须改变某些错误的观念，并且要对自己有个清醒的认识**，放弃那些徒劳无功的事情，与其费尽心思做那些无用功，还不如把精力和时间放在那些能有所收获的事情上。

第七章 龟兔赛跑
——做时间主人的新思维

思维小练习

买葱

有一个人买葱,大葱1块钱一斤,这人便跟卖葱的商量,如果葱叶那段每斤两毛,葱白每斤8毛并且分开称的话他就全买了。卖葱的一想反正自己不会赔钱,便答应了,结果却发现赔了不少钱。你知道为什么卖葱人会赔钱吗?

答案:假设卖葱的一共有20斤大葱,包括葱白和葱叶,所有的大葱是一模一样的。再假设一棵大葱重一斤,葱白8两,葱叶2两,如果大葱1元一斤的话,所有的大葱可以卖20元,如果分开卖的话,葱白可以卖 $0.8 \times 0.8 = 0.64$ 元,葱叶 $0.2 \times 0.2 = 0.04$ 元,这是一棵大葱分开卖的结果,20斤大葱分开卖的话所得的钱数是 $0.64 \times 20 + 0.02 \times 20 = 12.8 + 0.4 = 13.2$ 元,此数小于20,所以由此推理知道,分开卖的话卖葱人是肯定赔的。

从每天的计划开始

我们很多人都是在盲目地生活,他们不知道自己想要什么,也不知道在自己的人生道路上会遇到什么事情。

在我们每个人的生活当中,由于自己的家庭背景、生活环境的不同,所以会有不同的理想和追求,而这些理想和追求自然也会受到外部环境的影响。

因为我们不可能一生下来就有明确的目标,这些目标都需要我们在以后的生活当中不断地进行发展和明确,最后才能坚定下来,所以我们每一个人应该天天都给自己一个确定的目标,这样我们的每一天就能够过得更加充实。

一个没有明确目标的人,每天的生活都是处在一种随波逐流的状态,而且还不知道其中的原因。为什么自己总是不能够在事业上获得成功,为什么自己对以后的发展感到茫然无措呢?其实这一切就是因为你没有目标。所以,你一定要有一个明确而清醒的目标,只有这样你才能够为自己找出一个合适的选择。

其实在现实生活中,很多人对于自己的未来都没有一个明确的目标,就是因为目标不明确从而导致自己的生活没有了动力,甚至因为目标太遥远而让自己看不见希望。所以,我们每天都要给自己设立一个小目标,而一个个小目标的逐个实现就是通往最终目标的跳板。

这就像马拉松比赛中,不要去想着终点那个遥远的目标,而应该把自己的注意力放在每一个十字路口,每一个标志性物体上,只有这样,当我们每达成一个短期的目标,就离最终的目标更近一步了。

所以,**一个人的人生是离不开目标的**,这一目标也是在社会生活的发展变化中产生的,而我们每一个人也应该在变化中不断地去追求自己的目标,并且逐渐改善自己的目标,我们只有给**自己制定一个个小的目标,我们才能够生活得更有价值、更有意义。**

我们的人生有目标才能够算得上是一个真正完整的人生。当然,目标的不同,我们所成就的人生也自然会不一样。与其每天都在进行幻想,倒不如踏踏实实地给自己设定一个目标,因为我们设定的目标可以通过自己的努力实现,而耽于幻想是永远都无法成功的。

对于我们每个人来说,设定和实现自己的目标其实就好像是一场战斗。你的目标就是你的敌人,也是你努力的方向。除此之外,目标也是你的兴奋剂,能够不停地鞭策你、激励你,能够让你在人生漫漫的征途中产生无穷无尽的动力。

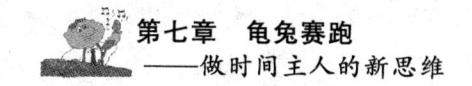

第七章 龟兔赛跑
——做时间主人的新思维

当然有一点也是我们必须记住的：**你的发展目标必须是具体的，而且是可以实现的。**如果你的目标总是模糊的，那么你很有可能难以找到实现它的方法，而且这样你实现它的机会就会变得越来越小。

其实这样的道理很简单，因为如果你的目标不够具体，那么你就会感到茫然，不知道怎么去做，你的自信心和积极性就会在一定程度上受到打击。假如一个马拉松运动员不知道自己的终点在哪里，他就会泄气，甚至会完全停下来，而这也就意味着他的失败。

当然，要想解决好这个问题，最好的方法就是每天给自己制定一个目标，这样你每天就有了动力，能够朝着目标努力。如果你的阶段性目标实现了，那么对你来说就是一种激励，反而你会更加努力地朝着下一个目标前进，直到自己最后取得成功。

思维小练习

和谐的动物园

动物园里的大象人缘很好，好多小动物都喜欢和大象玩。一天，一只小松鼠跳到大象身上，并对在树上的另一只松鼠说：考你一道题吧！你说大象的左耳朵长得像什么？另一只小松鼠直挠头，你知道大象的左耳朵像什么吗？

答案：大象的左耳朵长得像右耳朵。

工作中，请勿打扰

有一位伟人曾经说过："世界上最怕的两个字就是'认真'。"一件事的成功有很多的因素，但是其中肯定有一条是认真；反之，一件事的失败的原因也有很多,但是不认真也是失败的通病。如果我们有了一往无前的勇敢和决心,我们要做的事情就是认真而努力地做好这件事。

曾经有一位记者问李咏:"为什么你主持的《幸运52》能够成功?"

李咏回答说:"我认真地干一件事,认真地对待观众,认真地对待自己,所以我会成功。"

是的,所有事情都是这样的,付出总有回报。如果我们能够认真对待自己的学习,我们在考试的时候就会得到满意的成绩;如果我们能够认真工作,那么我们也会获得相应的回报。

伟大的比尔·盖茨在迷恋上计算机之后,就不再考虑其他事情了,全身全意地投入到了计算机中,甚至达到了废寝忘食的地步。

可是当时计算机在美国还属于新鲜事物,价格非常昂贵。想要在有限的时间里学好计算机,那么只能把精力用在学习上。到了后来,比尔·盖茨创建微软,他依然凭借这种认真做事的精神,企业发展使微软成为全球最大的电脑软件提供商。

可能,有的人认为比尔·盖茨之所以能够成功,是因为他是一位天才,这类人物几百年也遇不到一次。但是你也要明白,虽然我们没有比尔·盖茨超乎常人的大脑,但是他身上那种认真敬业的精神是我们每个人都应该学习的。

如果我们认真对待每一件事情,每一个人,那么时间长了,认真就会形成一种习惯。如果你能够坚持这样去做,那么你的成就自然会比别人更胜一筹,更高一层。

许多单位在招聘的时候,往往都会提出工作认真踏实、负有责任心的要求。

第七章 龟兔赛跑
——做时间主人的新思维

曾经两个大学生在毕业之后去了一家韩国企业实习。在刚刚开始的时候，他们的工作就是做好清洁，负责办公室所有的卫生，两个人工作得非常快乐。

可是过了一段时间之后，有一个人开始懈怠了，每天早上拎着拖把就好像是走马观花一样转一圈，杯子用水冲一下也就完事了，因为当时没有人检查。

后来，有一位客户来公司访问，准备和他们的公司谈一个项目，结果就在双方谈得非常投机的时候，那位客户戛然而止，因为他居然发现正准备喝水的杯子内壁上沾满了一层黄褐色的茶垢，而且杯沿上也有。

这位客户的情绪一下子就转变了，谈判也因此中断了。

后来，那个敷衍了事的大学生自然提前结束了自己的实习生涯，而那位认真做事情的大学生最终被公司留用，并且在仅仅10个月之后，就当上了这家公司的财务科副科长。

一个认真勤奋的人，可能在暂时一段时间内不会取得骄人的成绩，也可能在暂时的一段时间内得不到赏识，但是总有一天，这个认真勤奋的人会成为众人的焦点。

成功离不开认真的态度，成功是一个长期积累的过程。认真做事，不仅仅是一个行为方式的问题，更能够反映出一个人的品行。

"认认真真"与"清清白白"往往都是紧密相连的，认真做事的前提就是认真做人。一个人的态度越认真，决心自然就会越大，对学习和工作投入的心血也会越多，当然，从中所得到的回报也就更多。所以，当我们把认真变成一种习惯的时候，就能够从中学到更多的知识，积累和获得更多的经验，为将来的人生道路和事业的发展打下坚实的基础。

思维小练习

国王的征兵计划

古时候，有一个国家为了能有更多男子当兵打仗，就颁布了这样一条法律：一位母亲只有生了男孩以后才可以继续生孩子，如果生了女儿，她就立即被禁止再生小孩。

国王认为这样的话，有些家庭就会有几个男孩而只有一个女孩，但是任何一个家庭都不会有一个以上的女孩，所以，用不了多久男人的数量就会不断的上升。

你认为这条法律可以实现国王的愿望吗？

答案：这条法律是不可能实现国王的愿望，男女比例始终相等。

因为妇女所生的第一胎中，男女比例各占一半。母亲生了女孩的不能再生孩子，生了男孩仍然可以生第二胎，这第二胎中的男女比例也是各占一半。生女孩的母亲被禁止生育，留下来的仍然可以生第三胎……在每一轮比例中，男女的比例都是各占一半。

自己的时间，自己的生活

东施效颦的典故出自《庄子·天运》："故西施病心而颦其里，其里之丑人见而美之，归亦捧心而颦其里。其里之富人见之，坚闭门而不出；贫人见之，絜妻子而去之走。"曹雪芹《红楼梦》第三十回："若真也葬花，可谓'东施效颦'了，不但不为新奇，而且更是可厌。"东施效颦比喻盲目地模仿别人，但效果极差。

西施是中国历史上的"四大美女"之一，是春秋战国时期的越国

第七章 龟兔赛跑
——做时间主人的新思维

人,她的一举一动都十分迷人,没有人不惊叹她的美貌。

西施身体不好,有心痛的毛病。一次,在洗完衣服回家的路上,心痛的毛病又犯了,因为胸口痛,所以她就皱着眉头,用手扶住胸口。虽然她很难受,但是她皱起眉头娇媚柔弱的样子却更加迷人,见到她的村民们也都称赞她,说她这样比平时更美丽了。

同村有个女孩叫东施,长相一般,见到西施蹙眉的样子更加迷人,于是就照样学样,也蹙着眉头、扶着胸口,以为这样就会漂亮一些,会有人称赞。因为东施长得并不好看,再加上她的刻意模仿,使她的样子更加丑陋,更加让人厌恶。人们看到她装腔作势的怪样子,富人看见赶紧关大门,穷人看见则是急忙拉着妻子和孩子躲得远远的,人们见了怪模怪样的东施就像是见了瘟神一样。

东施只知道西施皱着眉头、捂着胸口的样子美丽,却不知道这是因为西施本身貌美的原因,东施刻意地去模仿,结果反被人讥笑,给后人留下"东施效颦"的笑话。

每个人都要根据自己的特点,扬长避短,寻找适合自己的形象,盲目模仿别人的做法往往适得其反,遭人讥笑,是愚蠢的表现。学习他人的长处以提高自己,这是值得肯定的,但是不知所以然的刻意模仿,不仅会失去自我,还会适得其反。世界上最可悲的人就是没有自我的人,他们从来没有真正地为自己活过,总是在走别人走过的路,这样的人生不仅没有意义,这个人也永远只是他人的影子。

西方有这样的一句格言:**"我坚持我的不完美,它是我生命的真实本质。"**能够面对真实自我的人,不仅有自知之明,同样也是自我肯定的表现。每个人都有其独特之处,为什么不接受真实的自己,发掘自身的优点而要刻意地模仿他人呢?有些事情,别人做得好,到自己未必就行,与其模仿别人还不如充分利用自己的优势,让别人来羡慕你!如果，我们能把自己独特的才能发挥出来，"魅力"、"与众不同"这些字眼就会向你招手。

与其模仿别人，我们不如利用自身的特点设计自己的未来。

在美国音乐界，金·奥特雷这个名字可谓是无人不晓，他独特的音色与演唱风格为他赢得了数不尽的鲜花和掌声。但有谁知道，他曾经想要改掉他的乡音？

金·奥特雷出生于美国得克萨斯州的一个乡下，刚到纽约发展时他觉得自己满口的家乡话既难听又土气。为了能像城里人一样说话，决定改掉自己的乡音，从此他便自称是纽约人。在与人交流时他也是小心翼翼地行动，一板一眼地遵循着当地绅士的行为标准。但是尽管他处处精心模仿，人们还是看出了他的矫揉造作之态，大家都在背后耻笑他，甚至大肆攻击他是个"伪君子"。

得知他人对自己的评价后，金·奥特雷一时陷入了极度的迷茫中，他不知道自己应该怎么做。想了许久之后，他决定做回原来的自己——如果造假是令人讨厌的行为，那么就来真的吧，哪怕人们因此更笑话自己的土气，最起码自己活得不会那么累。后来，他开始弹奏五弦琴，唱他的西部歌曲，但是连金·奥特雷自己也没想到，当他操着自己原有的音色演唱家乡的老歌时，听众们竟然听得如痴如醉。从此，他便开始了他那了不起的演艺生涯，并最终成为世界上，在电影和广播两方面皆颇负盛名的西部歌星之一。

每个人都是独一无二的，保持本色，显现出个人的特点，你才可能尽快抵达梦想的彼岸。 虽然模仿别人也是一种生存方式，但那就像假币一样，即便你被接受，你自身也并无多大价值。我们每个人的个性、形象、人格都有潜在性和独特性，我们完全没有必要去羡慕他人，总有一天我们也会让别人来羡慕我们，大踏步地向前走，留下属于自己的脚

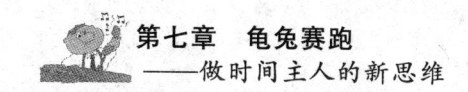

第七章　龟兔赛跑
——做时间主人的新思维

印,才能够活出真正的自己。

思维小练习

张飞卖猪仔

三国人物张飞早些年做过卖猪仔的小贩。一日,他挑着两筐猪仔来到集市上,刚放下担子,就有一个红脸大汉子走来说:"我要买两筐小猪的一半零半只。"话音刚落,又过来一个黑脸大汉说:"我买剩下的一半零半只。"没等张飞答话,又挤过来一个白面书生说:"我买他俩剩下的一半零半只。"

张飞一听,不由黑须倒竖,心想小猪哪有卖半只的,这不是存心欺负俺老张吗?但又仔细一想,忽然答应了。结果张飞照他们三个人的说法正好卖完所有的小猪。

你知道张飞一共卖了多少头小猪吗?他们三人又各买了多少头小猪吗?

答案:共卖七头小猪,红脸汉买了四头,黑脸汉买了两头,书生买了一头。

最节省时间的方法:学习

我们每个人的大脑就是最宝贵的财富,而你的思维质量往往就决定了你的生活质量,这一点,其实对于我们每个人来说都是非常关键的。

几年前,有一位大学生向所有《财富》500强的企业老总们发出了一份调查问卷。问卷里有39个问题。最后有83位老总完成了问卷,并把问卷寄了回来。

这个大学生仔细分析了问卷，希望能够找出这些商界领袖认为他们自己之所以可以成功的原因。最后发现，在这些顶尖人士给出的建议中，有一项基本上是相同的，而且这个建议也被他们一次又一次地重复着："永不停止学习，变得更好。"

确实，**我们每个人的大脑完全是可以增值的**。例如可以通过阅读，听语音课程，参加研讨和课程等方式学习，你一定不要忘记，自己最有价值的资产就是你的大脑。

伟大销售大师博恩·崔西曾经说过："你可以让自己的大脑增值。"而且他还举出了例子，如果你要买一辆车，车其实就已经开始贬值：因为一旦你把它开出经销商的车场，车就会损失一些价值。

其实，只要当你购买任何种类的有形产品，即意味着这一产品会立刻损耗，但是我们可以用一些新信息来取得更好的成绩。而对这些新信息，我们就可以把它们不断地输入到自己的大脑中，从而让自己的大脑增值。

当然，我们也可以为自己增加价值。我们每个人在自己的人生的起步阶段，可能只有一些非常有限的知识，而人们就可以凭借这些有限的知识为别人谋得利益。

但是随着我们每个人人生阅历的不断丰富，我们自然而然就会获取更多的经验，学习到更多的知识，从而提高做事情的效率，也会节省下更多宝贵的时间。

当你开始学习和应用自己所学的东西的时候，你等于又开始进步了。也就是说，你学习和实践得越多，你自己朝着成功方向前进的速度就越快。

假如我们把自己现在的知识和技巧看成是桶里的水，那么水的高度

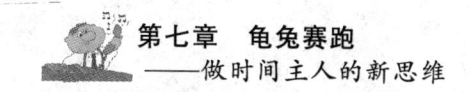

第七章　龟兔赛跑
——做时间主人的新思维

就等于是你成功的概率。当你开始自己的人生的时候，你的桶里可能还没有多少水了，自然你所得到的成果和回报也很少。

之后，通过学习，随着你的知识和技巧的增加，你的桶就变满了，那么你得到的回报也会增加。如果你能够坚持，那么再过了几年之后，你的桶就会变得更满，知识和技巧也会惊人地增加，你成功的可能性也会增大。

现在虽然很多人主张永不停止学习，但是很多人的学习又是盲目的。许多人在接受了基本的教育之后，就试图自己一辈子都依赖这些少之又少的知识和技巧让自己在社会中生存。

结果，当别人在工作或者生活中超越他们的时候，他们会感到不可思议，目瞪口呆，甚至是愤怒，而这个时候他们就会产生一种挫败感，失去学习的动力。

由于他们不懂得持续学习就和我们每天洗澡刷牙一样，是必不可少的。如果你有一段时间不学习，那么周围的人自然就会很快地超过你。

所以你一定要下决心，要让自己每天都能够学习和实践新的东西。如自己每天早晨可以读点东西，在车里听一些语音课程，自己有时间的话参加一些培训，并且还要不断地把自己学习到的新知识付诸到行动中，通过行动来考验自己对新知识的掌握情况，这样我们才能够更快地取得成功。说到底，**学习是缩减成功时间的最好办法**。

思维小练习

农民巧过桥

有个农民挑了一对竹筐，准备赶集去买东西。当他来到一座独木桥的时候，迎面来了一个孩子，他刚想退回去，回身一看，后面也来了一个孩子。

　　正在进退两难之际，农民急中生智，想了个巧办法，使大家都顺利地通过了独木桥，而且三人之中谁也没有后退过一步。问：农民是用的什么方法？

　　答案：让两个孩子分别坐在一个竹筐里，然后这个农民把竹筐前后调一下，这样两个孩子就换过来了，谁也不用后退了。

第八章 君子爱财,取之有道
——对待财富的新思维

创造力是人类不竭的财富

世界的大智慧以及自然界的规律都在鼓励人们不断地进取，但是这并不代表我们可以从别人那里夺取财富。

为此，**我们必须消除竞争致富的这种意识，而应该懂得学会创造新的财富**，不要总是想着掠夺那些已经被人们创造出来的财富，占为己有。

其实，当我们每一个人真正领悟到了"创造致富"的大智慧时，我们对财富的态度就会坦然，更没有必要去巧取豪夺，也不需要吝啬刻薄，甚至使用一些恶毒的欺骗行为诈取。

我们没有必要垂涎他人的财产，也千万不要带着贪婪的目光来觊觎他人的财富。因为我们应该坚信：他们拥有的，我们同样也可以拥有。创造本身就是永远不会枯竭的财富。

所以，我们必须让自己成为一个创造者，而不仅仅是竞争者。请相信，**以"创造致富"的方式，我们才能够真正获得自己想要的财富**。而且，在我们得到财富的同时，也会给别人带来更多的财富，整个人类社会也才能够因此而得到极大的丰富与发展。

通过竞争夺得的财富，既不能够让人得到真正的满足，也不能够使人拥有持久的富足。特别是在"竞争致富"的情形之下，财富今天可能是你的，明天就可能变成别人的。

所以，你要记住，如果我们想运用一种科学而正确的方式获得财富，就必须通过自己的创造力，不要认为财富的供给是有限的。

特别是我们要时刻警惕这样的想法：认为所有的财富都已经被那些富有的人占有了，自己必须竭尽全力，甚至不惜用各种卑劣手段去夺取。如果被这种想法所控制，那么我们就会陷入到一种竞争思维的泥潭

第八章　君子爱财,取之有道
——对待财富的新思维

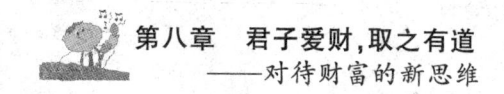

中,当然,我们的创造力也会因此受到遏制,"创造致富"也可能会不再存在。

我们永远不要觊觎现有的财富,把我们的注意力投向宇宙能量所能创造的无限财富当中。要知道,财富正在快步向我们走来,速度也是快得惊人,没有谁能够通过垄断现有的财富而阻止别人富裕起来。

所以,我们不需要、也不应该存在一点这样的想法:这就好像是我们修建房子,如果一个人不赶紧行动,那么在我们做好盖房子的准备之前,可能那些好地段早就被别人占据了。

我们不要担心有谁会阻止你获得自己想要的东西。这些情况其实是不会发生的,因为我们根本没有必要抢夺属于别人的东西。我们应该通过自己的创造力,并且借助宇宙能量创造自己所需要的东西,只有这样,财富的供给才是无限的。

思维小练习

两国交战

相邻的甲国和乙国交战。某日甲国宣布"今后,乙国的1元钱只折我国的9角。乙国于是采取对等措施,也宣布:"今后,甲国的1元钱只折我国的9角。但是,住在边境的某个爷们儿想利用这个机会赚一笔,并且成功了。

请问,他是怎么做的?

首先,在甲国购买10元钱的东西,付一张甲国的百元纸币,然后要求:请找给我乙国的百元纸币。本来应该找给他90元甲国的纸币,刚好折合乙国的100元。

他再拿着这张乙国的百元纸币到乙国去购买10元钱的东西,照样要求用甲国的百元纸币找零,然后他再回到甲国。

165

不拿健康换金钱

经常听到职场中的年轻人的一句口头禅："**年轻时用健康换金钱，年老时用金钱换健康。**"这种先拼命工作，先拼命挣钱，然后再去享受生活的想法，正表现出了我们在财富与健康面前的两难选择。

不过，现实中的很多例子，让我们对这样的想法进行了反思。

曾经有一个人，他原来在一家大型公司当技术主管，可以说是高薪阶层了，他自己和家人都非常高兴。结果就在去年，他得了一场大病之后就选择离开了这家公司，而到了另一家公司，另外一个岗位上去工作了，薪水比之前少了很多，但是他却发现自己过得更轻松了，因为有了更多的时间与家人聊天，与朋友外出旅游度假。

直到这个时候，他通过比较才突然感悟：**在许多时候懂得放弃的人才是最聪明的人。**我们并不一定需要太多的金钱，能够懂得适时休养生息，这样才能获得健康和事业兼备的生活。而且最后他还说，"我不相信为攒钱而拼命的人，在晚年还有精力享受生活。"

其实，现在我们很多人把能够挣大钱的工作当成是好工作。但是你也应该想想：你真的愿意天天加班，压力大到让你被各种恶疾缠身吗？你是否也曾经想过，有命挣钱，没命花钱，这是人生多大的悲剧！

在我们每个人的一生当中，**工作与生活就好像是我们的两条腿，缺一不可。**特别是在一个人还没有退休之前，工作就是人生的主旋律。但我们应该懂得不要因为工作而放弃那些本属于自己的时间和空间，更不能因为工作放弃了自己的健康。

曾经有一位健康专家设计了这样的人生：既要努力工作，又要懂得

第八章　君子爱财，取之有道
——对待财富的新思维

中场休息，而且还不透支自己的健康；既要努力赚钱，但当囊中羞涩的时候也能够从清晨的新鲜空气、明媚阳光和夜晚的清风明月中找到生活的幸福。

确实，钱是生活中不可缺少的东西，但是健康也是我们每个人梦寐以求的，而且我们谁都明白，任何身外之物都是不能和健康相提并论的。可是，现实情况是当我们许多人面对利益诱惑的时候，却常常忘记这一点，最终选择用健康来换取身外之物。

说到这里，不由让我们来看一则《聊斋志异》中的小故事。

有两个的牧童进入深山，发现了狼窝，结果在狼窝中发现了两只狼崽，于是他俩各抱一只，分别爬上大树，当时两棵树相距数十步，没一会儿工夫，老狼就回来寻找狼崽了。

一个牧童在树上掐小狼的耳朵，结果把小狼弄得是嗥叫连天，老狼听见声音就奔了过来，气急败坏地在树下乱抓乱咬。而此时，另一棵树上的牧童拧着小狼的腿，也让小狼连声嗥叫，老狼听见声音就赶了过去。

就这样，这只老狼不停地奔波于两树之间，来回跑了几十次之后就气绝身亡了。

老狼之所以会累死原因只有一个，那就是不会选择，如果它能够选择其中的一只狼崽，那么不但自己没事，可能还会救出它的孩子。

而我们的现实生活中有很多问题就属于"鱼和熊掌"的情况，二者都是我们需要的，但是却又不能兼得，而金钱和健康有的时候就是这样，那么到底选择谁自然不言而喻了。

说到底，我们每个人的一生可以用两大目标来概括——**第一是得到自己想要的东西；第二是享受自己得到的东西。**而往往只有少数的聪明人，才能实现第二个目标。

167

思维小练习

海盗分赃物

有一天，有 5 个非常精明的海盗抢到了 100 个金币，他们决定依次由甲、乙、丙、丁、戊五个海盗来分。

当由甲分时，剩下的海盗表决，如果乙、丙、丁、戊四人中有一半以上反对就把甲扔下海，再由乙分……以此类推；如果一半及以上的人同意，就按甲的分法。

请问甲要依次分给乙、丙、丁、戊多少才能不被扔下海并且让自己拿到最多？

答案：甲为 97 个金币，乙没有金币，丙为 1 个金币，丁为 2 个金币，戊没有金币。或者甲为 97 个金币，乙没有金币，丙为 1 个金币，丁没有金币，戊有 2 个金币。

从小钱赚起

"先做小事，先赚小钱"的最大好处就是可以在低风险的情况之下为自己积累起做事情的经验，同时也可以通过这种方式来了解自己的能力。

当然，有的时候，即使是小钱也是不好挣的，同样需要我们付出艰苦的努力和代价。

克里蒙·史东是联合保险公司的董事长，他也被誉为"保险业怪才"。

克里蒙·史东幼年丧父，在他很小的时候就出去贩卖报纸了。有一次克里蒙·史东走进一家饭馆叫卖报纸，结果被老板赶了出来。

可是，克里蒙·史东又趁老板不注意的时候，再一次溜了进去，而这一次老板把他给踢了出来，但是他仍不罢休。

第八章　君子爱财，取之有道
——对待财富的新思维

就这样，餐厅里的一个客人看不下去，劝住老板，并且买了克里蒙·史东的报纸。虽然克里蒙·史东觉得自己的屁股很疼，但是他的口袋里却得到了收获。

后来克里蒙·史东上了中学，他开始试着去进行保险推销。当他来到一栋大楼前，饭店的经历好像又出现在眼前。于是克里蒙·史东对自己说："不要怕，即使被赶出来也不要紧，可以再去下一间。"就这样，他走进了这幢大楼的办公室，并且每一间办公室他都会去。

这个时候的克里蒙·史东认为，如果在这间办公室里没有得到收获，那么就毫不迟疑地强迫自己立即走进下一个办公室，千万不能让自己因为胆怯而放弃努力。

克里蒙·史东就是这样不怕失败，而且笑对挫折。

后来，有两个人向他买了保险。

之后，他卖出了四份。

再后来，他卖出了八份。

就这样，克里蒙·史东的事业真正开始了。

在克里蒙·史东24岁的时候，他设立了只有他一个人的保险经纪社。在开业的第一天生意就非常不错。后来，经纪社发展得越来越大。

在30年代，克里蒙·史东就成为了百万富翁。后来，在他谈到自己的创业史时，克里蒙·史东说："赚大钱先从小钱赚起，做事先从小事做起。"

的确，要想发财不求暴富，一定要实实在在从小钱挣起，一点一点地积累。在拼搏的过程中体会人生的滋味，这样才会有成功的感觉，也才能够让自己获得快乐。

在中国，也有一个人正是按照这样的心态，让自己成功走上了创业的快乐之路。

他是一个大学生，为了创业，毅然辞去了金饭碗，刚开始没有资金，他就和妻子一起去收破烂，捡破烂，一点一点积累资金。

慢慢的，他又干起了回收旧电脑的生意，而且越干越好。现如今的他已经在中关村发展起了自己的业务，成功地迈出了创业的第一步。

在后来，他很有感慨地说："捡破烂，收破烂，这可以说是起点低到了极限。而好在我自己的心里有了承受力。如果我现在生意做砸了，我自己也不会害怕，因为我有了这个底线，大不了再去捡破烂，收破烂，我照样能活。

而从另一个角度讲，我是从最低点开始起步的，每走一步都是上升，都能够体会到成功的喜悦。如果我以后做大了，这也是我一步步走过来的，走得稳当，走得踏实。

其实，我们不要怕起点低，因为我们可以不断向上。什么都不做或不能做，那才是真正可怕的！我现在每天的时间都不够用，晚上从来没有在12点之前睡过觉。如果我在原单位待着，可能苦恼的事还会存在。可是现在，我完全可以按照自己的方式，做自己想做的事情，不仅行动快，而且效率高。虽然起步低，但是天天都有发展；虽然苦点、累点，但是我觉得很快乐、充实，这种感觉非常好。"

是的，**我们每个人的生活就从脚下开始，从自己的实际出发，这才是真正的人生。**

思维小练习

生日礼物

约翰和杰克是一对非常要好的朋友。约翰要过生日了，杰克送给约翰一个漂亮的生日蛋糕，蛋糕上面还写着一组数字：220 和 284。约翰不明白数字的意义，就问杰克："这两个数字即不是我的年龄也不是我生日的日期，是什么意思呢？"杰克笑呵呵地说："这是一对相亲相爱的数字，意思是：你中有我，我中有你。"

第八章　君子爱财，取之有道
——对待财富的新思维

你知道杰克为什么说"你中有我，我中有你"吗？

答案："你中有我，我中有你"的真正意思是：除 220 本身之外，把 220 的全部约数相加，得出的和就是 284；同样，把 284 的全部约数相加（除 284 本身之外），和刚好等于 220。1 + 2 + 4 + 5 + 10 + 11 + 20 + 22 + 44 + 55 + 110 = 284。

1 + 2 + 4 + 71 + 142 = 220。

赚钱是为了活着，但活着绝不是为了赚钱

假如我们每个人活着只知道把追逐金钱作为人生的唯一目标和动力源泉，那么这样的人真是太可怜了。

现如今，人们总是忙着做事，忙着赚钱。而且很多人在刚开始赚钱的时候并没有想过，**自己这一辈子赚钱的目的是什么？到底是自己消费，还是留给后代，或者是进行慈善事业，造福于社会。**

假如你去问他，那么大多数人的回答往往都是"不知道"。现在，在社会一致认同"赚钱非常重要"的情况下，我们便开始了一生忙忙碌碌，早出晚归，拼命赚钱的生活。

很多人的一生都是为了赚钱，结果到最后却忘记了自己赚钱的初衷，让自己成为了金钱的奴隶，也让自己变成了一个典型的守财奴。

曾经有一个欧洲观光团来到非洲的一个叫亚米亚尼的原始部落，当时部落里的一个小伙子正穿着白袍，盘着腿非常安静地坐在一棵树下做草编。

他的草编非常精致，一下子就吸引了法国的商人。法国商人心想：如果能够将这些草编运回法国，那么巴黎的女人戴着这种小圆帽和挎着这种草编的花篮，这将是多么时尚、多么风情万种啊！

想到这里，商人非常兴奋地问："这些草编多少钱一件？""10比索。"小伙子微笑着回答道。

天哪，这么便宜，我这次一定会发大财的。于是商人欣喜若狂地说道："假如我买10万顶草帽和10万个草篮，那么你打算多少钱卖给我呢？""那样的话，我就得要20比索一件。""什么？"商人简直不敢相信自己的耳朵，他非常疑惑地大喊着问道："为什么？""为什么？"小伙子这个时候也生气了，说道："做10万件一模一样的草帽和10万件一模一样的草篮，它会让我乏味死的。"

即使这样，商人还是不能理解，因为在追逐财富的过程中，我们很多人都忘记了生命里除了金钱之外还有许多宝贵的东西。

确实，我们都希望自己能够有很多的钱，能够过上快乐的生活。但是，我们也应该明白，**金钱的多少与快乐并不是成正比的。**

相信我们很多人往往会有这样的体会：**发财的欲望越强烈，随之带来的烦恼也就会越多。**发财的欲望和心里的烦恼以及内心的痛苦之间虽然不见得是成正比的关系，但是发财的欲望却会对我们的心情造成很大的影响。

快乐并不需要有很多钱。当然，这样说并不是说要让我们所有人都满足目前的生活水平，不要再去赚钱了，而是希望大家不要把钱看得太重，过于追逐金钱。

记得有人说过："财富是过眼烟云，金钱是身外之物。"的确是这样的道理，我们吃饭是为了活着，但是活着绝对不是为了吃饭。

同样的道理，我们赚钱是为了活着，但是活着绝对不仅仅是为了赚钱。如果我们每个人活着只是把追逐金钱作为人生的唯一目标和动力源泉，那么这辈子就会成为金钱的奴隶。

财富是物质文明的象征，但是财富与精神文明是不成正比的。从古到今，有很多世界级的富人最终选择了自杀，很多皇帝、国王自杀的例子也不在少数，很明显，金钱的力量虽然很强大，但是却不是万能的。

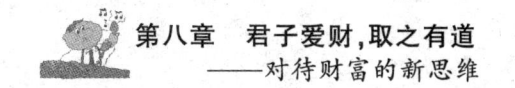

第八章　君子爱财，取之有道
—— 对待财富的新思维

我们人从一生下来，生命就开始进入了倒计时，这个道理大家都明白。但是没有多少人会去想这些，我们很多人都把自己的一辈子用在了赚钱上，结果让自己辛苦了一辈子，什么也得不到。

思维小练习

保险柜的密码是什么

第二次世界大战期间，一位德国间谍潜入某国，他的任务是窃取一位老将军的机密文件。这个间谍以管家的身份混进将军府，虽然每天都能看到装有秘密文件的保险柜，但就是苦于没有密码迟迟没有完成任务。

间谍想老将军年纪大了记性不好，现在的事情又多，肯定会把密码记在什么地方。所以间谍便利用职务之便，仔细检查了将军的笔记本和抽屉里的所有东西，却始终一无所获。眼看任务的期限就要到了，间谍只好碰碰运气。于是他在一天夜里用掺有安眠药的酒灌醉了老将军，随后潜入了书房。保险柜的密码是6位数，间谍用从1到9通过排列组合的方式进行测试，但都没有成功。眼看天就要亮了，女仆很快就会来打扫卫生了。

正在他绝望之际，忽然发现墙上挂钟是坏的，指针停在9时35分15秒，他意识到这很可能就是密码。但93515只有5位数，那么密码是什么呢？

快一起来猜一下吧！

答案：密码是213515，把9点理解为21点就可以了。

财富面前有尊严

很多人的一生总是会被名利所累。名利对于我们来说更多的是一种心理上的安慰，一种对于自己价值的确认而已。所以，名利只不过是一个人所挣得的个人身价而已，人总是通过名利来标明自己价值的高低。**没有了名利，我们就会对自己的价值产生怀疑，对自己活着的价值失去信心。**所以，为了追求名利，很多人都不惜终身求索，被名利的绳索束缚住了自己的人生，断送了人生所有的快乐与欢笑。

陈亮，字敬仲，是春秋时期陈国的国君陈厉公的儿子。在争权夺利的斗争中陈宣公的太子被杀，而陈敬仲只好带着家人逃到了齐国。

齐国的国君齐桓公是"春秋五霸"之首，他早就听说陈敬仲是难得的人才，在陈国很有声望，所以很想与他会面。

结果，当陈敬仲刚到齐国，齐桓公便迫不及待地接见了他。通过一番交谈，齐桓公更有一种相见恨晚的感觉，他立即决定让陈敬仲做卿（卿在当时是一种很高的官职，一般是不轻易让别国的人做的）。而能做齐国的卿，这对于很多人来说是梦寐以求的好事。

可是没有想到陈敬仲恭敬地向齐桓公施了一礼，辞谢道："我在陈国被逼得无处安身，只好逃到了贵国。如果承蒙您的恩典，让我有幸能在您的宽厚的政教下生活，我就心满意足了。我本来就是一个不明事理，无德无才的人，您不责怪我，我就感激不尽了，哪敢还贪图富贵，巴望做卿那样的高官呢？何况，让我这样一个客居贵国的无能的人做官，一定会招致人们对您的非议，我又怎么能给您添麻烦呢？这件事情是万万不可的。"

齐桓公见陈敬仲再三推辞，也就没有再难为他，而是让他做了"工正"管理各种工匠。

陈敬仲做了"工正"后，表现自然出色，齐桓公对他的才能更加赞赏，经常与他在一起讨论国事，他们之间的关系也日益亲密。

有一天，陈敬仲请齐桓公到家中喝酒。齐桓公兴冲冲地带着随从人员就来到了陈敬仲的家中，酒席已经摆好了。

这天风和日丽，加上庭院中的景色，齐桓公一见，自是高兴，早就将那些烦人的政务抛到了脑后，忍不住开怀畅饮。

第八章 君子爱财，取之有道
——对待财富的新思维

酒席期间，齐桓公与陈敬仲一起评古论今，谈论古代的各种英雄人物，越说越投机。说到了高兴的地方，两人都情不自禁地哈哈大笑；谈到气愤的地方，两人也是不住地叹气。

俗话说"酒逢知己千杯少"，齐桓公的酒量不小，再加上遇上了陈敬仲这个知己，更是开怀畅饮。两人喝了一杯又一杯，一直喝到太阳落山，齐桓公才有几分醉意。可是他还觉得没有喝尽兴，于是就吩咐随从："赶快把灯点亮，我要与陈大夫再喝几杯。"

这个时候陈敬仲赶紧站起来，恭恭敬敬地说："不能再喝了，我只想白天请您喝酒，可是到了晚上就不敢再奉陪了。"

齐桓公听完后自然很是失望，脸上露出了不愉快的表情，说道："我与你喝酒正喝到兴头上，你怎么能扫我的兴呢？"

陈敬仲赶紧解释道："酒宴是一种礼仪性的活动，适可而止，不能过度。如果您因为与我一起喝酒而没有掌握好分寸，遭到别人的指责，我怎么能逃脱干系呢？所以，请您原谅，我实在不能再陪您喝酒了。"

齐桓公仔细地想了想，觉得有理，也就不再坚持了。

玩乐不上瘾，饮酒不贪杯，好色而不淫，是做人的一种境界。 在现实生活中，喝酒误事的现象经常发生，而且在酒桌上能够做到不贪杯的人更是少数。喝酒不贪杯，是一种修养，也是一个人的美德。陈敬仲跟齐桓公一起喝酒，仍然做到了喝酒的适度，并能劝说齐桓公适可而止，这不是一般人能够做得到的。

一般当部下的在酒桌上为了表现自己，希望在主子面前留下好印象，经常是喝多，而从这一点上看，陈敬仲才是真正的有修养的君子，他不卑不亢，有礼有节，意志坚定，其品格实在让我们后人敬佩。

思维小练习

渔夫寻草帽

有位渔夫,头戴一顶大草帽,坐在小船上在河里钓鱼。河水的流动速度是每小时3英里,他的小船以同样的速度顺流而下。正当他开始向上游划行的时候,一阵风把他的草帽吹落到船旁的水中。但这位渔夫并没有发现草帽丢了,仍然向上游划行。直到他划行到船与草帽相距5英里的时候,他才发觉。

于是他立即掉转船头,在静水中,渔夫划行的速度是每小时5英里。在他向上游或下游划行时,一直保持这个速度不变。当然,这并不是他相对于河岸的速度。例如,当他以每小时5英里的速度向上游划行时,河水将以每小时3英里的速度把他向下游拖去,因此,他相对于河岸的速度仅是每小时2英里;当他向下游划行时,他的划行速度与河水的流动速度将共同作用,使得他相对于河岸的速度为每小时8英里,后来渔夫终于追上了那顶落在水中的草帽。

那么,如果渔夫是在下午2时丢失草帽的,他找回草帽会是在什么时候?

答案: 由于河水的流动速度对小船和草帽产生同样的影响,所以在求解这道趣题的时候可以对河水的流动速度完全不予考虑。虽然是河水在流动而河岸保持不动,但是我们可以设想是河水完全静止而河岸在移动。就我们所关心的划船与草帽来说,这种设想和上述情况毫无差别。

既然渔夫离开草帽后划行了5英里,那么,他当然是又向回划行了5英里,回到草帽那儿。因此,相对于河水来说,他总共划行了10英里。渔夫相对于河水的划行速度为每小时5英里,所以他一定是总共花了2小时划完这10英里。于是,他在下午4时找回了他那顶落水的草帽。

ment
第九章 安身为乐
——让自己更幸福的新思维

学会忘记，拥有宽心和快乐

我们每一个人都应该学会忘记，忘记过去。一个无法忘记过去的人，往往也把握不住今天，因为一个人如果太过于沉迷昨日，那么很可能会错过，甚至是失去很多人生美好的东西。而一个只知道活在昨天里的人是不愿意面对今天事情的各种变化的，因为当今天发生新的变化的时候，他就会觉得茫然不知所措，烦躁不安。

阿拉伯的著名作家阿里，有一次和吉伯、马沙两位朋友一起出门旅行。当时他们三个人行经到一处山谷的时候，意外发生了，马沙失足滑落，不过幸好吉伯反应敏捷，拼命地拉住他，才将他救起。

后来，马沙就在附近的大石头上刻下了："某年某月某日，吉伯救了马沙一命。"三人就这样继续朝前走了好几天。这一次他们来到一处河边，吉伯跟马沙因为一件小事居然吵了起来，吉伯一气之下就打了马沙一个耳光。只见马沙立即跑到了沙滩上写下了："某年某月某日，吉伯打了马沙一耳光。"

最后，当他们旅游回来之后，阿里非常好奇地问马沙为什么要把吉伯救他的事情刻在石头上，而将吉伯打他的事却写在沙子上呢？马沙回答让阿里非常惊讶，更为佩服："我永远都感激吉伯救我，我会牢牢记住的。至于他打我的事，这件事情将随着沙滩上字迹消失而消失，最后我也会忘得一干二净。"

确实，我们应该记住一些事情，但是我们更应该懂得忘记一些事情。

俗话说"人生不如意事十之八九"，这其实就是我们在日常生活每

178

第九章　安身为乐
——让自己更幸福的新思维

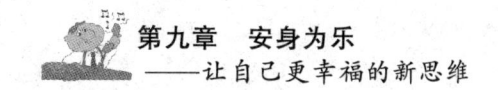

每遇到困难和挫折时常常发出的感慨。

当我们仔细观察周围的人，可能没有一个人能够一生活得春风得意，一帆风顺。所以，我们更应该学会忘记，忘记过去生活中那些不如意的事情所带给我们的阴影。

我们千万不要轻易说"想要把你忘记真的好难"，更不要固执地摇着头说"痛苦的往事怎么可能说忘就忘"。

生活其实就是一个万花筒，内容更是五花八门，纷繁复杂。我们有谁能够奢望一览无余呢？所以，我们应该学会忘记。

忘记过去那些失败，能够让我们以饱满的精神、愉快的心情、坦然的心境致力于今天的事业。特别是现如今的社会每天都发生着日新月异的变化，对于我们的事业也有着更高的要求，如果我们每天还总是在那里沾沾自喜，沉醉于过去的劳苦功高，到头来自己也势必会成为被时代潮流淘汰的人。

忘记昨天，目的就是为了今天的工作。一个能够干大事业的人往往不会因为一时的得失而羁绊，他们更懂得如何把昨天的惨败转变成为今天的动力，以及明日的辉煌。

如果你能够忘记烦恼，那么就可以更轻松地面对未来的各种考验；如果你能够忘记忧愁，那就可以尽情地享受生活所赋予你的乐趣；如果你能够忘记痛苦，那么就可以摆脱纠缠，让你的整个身心完全沉浸在悠闲无虑的宁静中，从而体味到人生更多的精彩。

如果你能够忘记他人对你的伤害，忘记朋友对你的背叛，忘记你曾有过的被欺骗的愤怒、被羞辱的耻辱，那么你就会觉得自己已经变得豁达宽容，已经能够掌握住自己的生活，这样你才能够更加主动、有信心，充满力量地去开始全新的生活。

> **思维小练习**

乌龟爬三角

将三只乌龟放在一个正三角形的每个角上。每只乌龟开始朝另一只乌龟做直线运动,目标角是随机选择。那么乌龟互不相撞的概率是多少?

答:乌龟爬行时要保证不会相撞,他们要么都顺时针爬行,要么都逆时针爬行。乌龟爬行方向的选择是随机的,如果第一只乌龟选择了自己的爬行方向,那么第二只乌龟有一半的概率选择与第一只乌龟相同的方向。第三只乌龟同样有一半的概率选择与第一只乌龟相同的方向。所以三只乌龟不会撞到一起的概率是1/4。

时刻保持一份淡然的心境

现实生活中的人们,能够心甘情愿地放弃名利的人不多,甚至有很多人把名利看得比生命还要重要。一旦自己的身份或者地位达不到自己心目中的理想状态,就会陷入一种极度苦闷的状态中,这些无穷无尽的名利心让他们变得疯狂。

有一个清静与悠然的生活状态不是更好吗?这样的日子不是更有诗意吗?我们的人生毕竟是很短暂的,我们的生命中承载不了太多的物欲和虚荣。在这个世界中,坚信"人为财死,鸟为食亡"的人很多,也有很多人为了名利而变得疯狂。

在唐朝时,有一个叫宋之问的诗人,他很有才华,名气也很大,他有一个外甥叫刘希夷,也是一个年轻有为的诗人。有一天,刘希夷刚刚

第九章 安身为乐
——让自己更幸福的新思维

写了一首诗,叫做《代白头吟》,就到舅舅家里去请教。宋之问看到"古人无复洛阳东,今人还对落花风。年年岁岁花相似,岁岁年年人不同"这几句诗的时候不禁拍手叫绝。于是宋之问赶紧问外甥:"这首诗别人看过没有?"外甥说:"还没有来得及让别人看。"宋之问听后心中大喜,对外甥说:"诗中的'年年岁岁花相似,岁岁年年人不同'这两句太好了,不如让给舅舅吧。"可是外甥刘希夷却说:"这两句诗是我这首诗的诗眼,如果让给您,这首诗读起来就没有什么意思了。"

到了晚上,宋之问还是对这两句诗念念不忘,为此他躺在床上怎么也睡不着觉,翻来覆去。他在心里盘算着,只要这首诗一面世,这两句必定成为千古名句,写这首诗的外甥也将立刻名扬天下,我一定要想办法把这首诗占为己有。于是一个罪恶的想法在宋之问头脑中慢慢酝酿,最后宋之问竟让他手下的人把刘希夷给害死了。

但是最后宋之问还是没能瞒天过海,他被朝廷定罪,流放到了钦州。当皇帝知道他的事情后,又把他赐死,好让他对天底下的读书人有一个交代。

宋之问本来也是一个有名的诗人,可是他竟然为了自己的那一点虚荣心把外甥给害死了,自己最后也落得个身败名裂的下场。

其实我们的生活本来就是很平淡的,**平平淡淡地做自己的事情,平平淡淡地对待一切**,哪一个成功的人士在最初不是平淡地度过自己的生活的?他们最后的成功也仅仅是平淡生活所取得的成果而已,他们的成功就是来自这平淡的生活。

美国好莱坞的影星利奥·罗斯顿,是好莱坞历史上最胖的一位演员。一次,他在英国演出的时候,因为心力衰竭而被送进了汤普森急救中心。医生们想尽了各种办法,但是最后令人遗憾的是,利奥·罗斯顿的心脏还是停止了跳动。在临终之前,利奥·罗斯顿说了一句话让人很

181

感动，他说"你的身躯很庞大，但你的生命需要的仅仅是一颗心脏"。当时站在病床边上的哈登院长深深地被这一句话感动了，让人们把这句话写在了医院的大楼上。

后来，美国石油大亨默尔由于工作繁忙也因为心力衰竭住进了这个急救中心。当时由于他放不下公司的很多事情，于是把汤普森医院的一栋楼包了下来，并且还增设了能与外界随时联系的电话和传真机。最后，经过医生们的共同努力，终于保住了默尔的生命。但是在出院以后，默尔没有再回到美国，也没有继续经管他的石油帝国，而是卖掉了他的公司，在英国苏格兰的一个乡下小镇盖了一栋别墅，过起了农家生活。

很多人都很疑惑，默尔为什么要这么做呢？其实原因很简单，当默尔刚走进汤普森医院的时候，深深被医院大楼上那句"你的身躯很庞大，但你的生命需要的仅仅是一颗心脏"打动了。后来，在默尔的自传中，他这样写道："富裕和肥胖没有区别，它们只不过是超过自己所需要的东西罢了。"

默尔的选择是明智的，他的明智在于能够及时地领悟到人生的真谛，人生应该过得快乐和轻松一些，不要让显赫的名利把自己束缚住。我们的一生又能够承载多少的负荷呢？

思维小练习

体育比赛中的成绩是怎样的

在一次体育比赛中，A、B、C、D四名运动员进行了4场比赛，他们每次比赛的成绩各不相同。

其中，A比B成绩高的有3次；B比C成绩高的有3次；C比D成绩高的有3次。那么，D会不会也有3次成绩比A高？

第九章　安身为乐
——让自己更幸福的新思维

答案：是可以的。如果第一次比赛的成绩排名是：A，B，C，D；第二次是：B，C，D，A；第三次是：C，D，A，B；第四次是：D，A，B，C。

那么，A比B成绩高的三次是第一、三、四次；B比C成绩高的三次是第一、二、四次；C比D成绩高的是第一、二、三次；D比A高的是第二、三、四次。

生活之道，拥有一颗平常心

成功的人士贵在拥有"平常心"与"大气度"。当我们有了平常心，才能够在追求成功的过程中始终处于一种处变不惊的状态。

你是很难想象一个心胸狭隘的人能够在各种场合谈笑风生的，如果一个人没有大气度也是很难成事的，因为当我们没有大气度的时候，便不敢去追求新鲜的事物，也不能够突破陈规旧俗，要想获得成功就更困难了。

据科学研究发现，大部分人的智商其实是差不多的，但为什么有的人能够获得成功，而有的人却会平庸一生。其实，**最主要的原因就是懂不懂得改变思维的方式**，而这与是否有一颗平常心，一种大气度是有直接关系的。

曾经有一家公司要裁员，在名单公布后，内勤部门办公室的小李和小王按照公司的规定要在一个月之后离开公司，她们被辞退了。

在结果公布那天，公司同事看她俩都是小心翼翼的，更不敢和她们多说一句话，因为，同事们发现小李和小王的眼圈红红的，这样的事情摊到谁身上都是难以接受的。

在第二天上班，这也意味着是小李和小王在公司工作的最后一个月，小李的情绪显得非常激动，不管是谁和她说话，她都像吃了火药似的，逮着谁就向谁开火。

其实，裁员名单是公司老总定的，跟其他任何人都没有关系。小李对于这一点也知道，但是在心里还是非常憋气，可是又不敢找老总发泄，只好把杯子、文件夹、抽屉当成出气筒。

大家都知道小李是个即将离开的人，所以也不好意思说她。可是小李觉得这些还不够，还是不能出气，于是又去找主任进行诉苦，找同事哭诉。

"凭什么把我裁掉？我做得好好的……"小李说着说着，眼泪就掉了下来。旁边的同事心里也是酸酸的，恨不得找老板把小李留下来。

结果不久之后，小李就找了一些重量级的人物到老总那儿去说情，小李觉得情况会有所改变，所以着实高兴了几天。

可是没过多久，小李就听说这一次是"一刀切"任何人都不能够通融。这也让小李再一次受到了打击，她开始怀疑是别人故意陷害自己，所以她开始怀疑身边的同事，这样，身边的同事都开始怕她，甚至是躲着她。其实，小李原来是很讨人喜欢的，但是现在人们越来越讨厌她了。

小王当然也很讨人喜欢，公司的同事们早就习惯了这样对她："小王，把这个文件打印一下，快点儿！""小王，记得一会儿去开会。"而小王每次都是连声答应，干起活来也非常认真。

结果在裁员名单公布的当天晚上，小王就哭了一晚上。第二天上班也是无精打采的，可是当小王打开电脑，拉开键盘，她就和以前一样开始工作了，而小王发现同事们已经不好意思再麻烦她做事情了，便主动跟大家打招呼，主动揽活。

就这样，在一个月时间到了之后，小李如期下岗了，而小王却从裁员名单中被删去了，留了下来，而且主任也当众传达了老总的原话："小

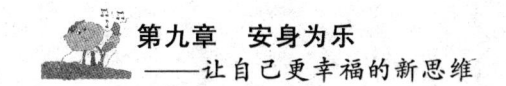

第九章　安身为乐
——让自己更幸福的新思维

王的岗位谁也无法替代,小王这样的员工,公司永远是不会嫌多的!"

以平常心观不平常事,则事事平常。我们不要把平常心当成是"看破红尘",平常心也不是消极的遁世。其实**平常心就是一种境界,是积极的人生,平常心是道。**

我们千万不要指望自己的每一次付出都一定会得到回报。假如你能够抱着一颗平常心,在日常的工作和生活中,多去体谅别人,那么你最终必然会得到回报,而且这样的回报往往是非常丰厚的。

思维小练习

盖火印

有一个商人,他经常让驴子为他自己托运货物,可是这些驴子有的强壮,有的则比较柔弱,商人为了区别它们,便决定通过盖火印的方法给每一头驴子都做个记号。

在给驴子盖火印的时候,驴子都会因为疼痛叫喊3分钟。如果驴子的叫声是不会重叠的。如果给15头驴子盖火印,至少可以听到驴子叫喊多长时间?

答:42分钟。也许有人会想是$3 \times 15 = 45$。可是因为火印盖到第14头驴子,剩下的一头,他们就不盖了,因为不盖也能与其他的区别。所以应把最后一头驴子的叫喊时间3分钟去掉。

放平心态,善待生活

即使是一件非常小的事情,也可能会让很多人为此烦恼甚至是悲伤不已。当他们面对烦恼和忧愁的时候,就会抱怨连天,总觉得是这一切都是别人造成的，也正是这样，他们对别人往往有了很多苛求。

之所以说是**苛求就是因为我们每个人都有自己的想法，而且不会因为别人的意见就随便改变自己**。

例如一个性格外向、能说会道的人，他可能不会因为某个人比较内向而不去开这个人的玩笑，可能有时候他会在不经意中就取笑了别人一番。而这个时候，被取笑的人可能就会抱怨。但是就算他抱怨了，又能怎么样呢？抱怨，只会让自己的心情变得越来越糟，根本解决不了问题。

在美国的历史上，伊东·布拉格是第一位获得普利策奖的黑人记者，当同行采访伊东·布拉格，询问他获奖感受的时候，他在麦克风面前讲述了一段令人感慨的经历：

"我小时候家里非常穷，父亲是个水手，他每年都来来回回地穿梭于大西洋的各个港口，尽管如此，挣的钱依然不够维持全家人的生活。面对这种处境，我非常沮丧，因为我一直认为，像我们这样地位卑微、贫穷的黑人不可能有出息。

"抱着这种想法，我当时开始浑浑噩噩地上学，可想而知，成绩也好不到哪儿去，就这样，我在自己设定的围墙下过了10多年。

可是有一天，父亲突然对我说：'孩子，现在你已经长大了，应该带你出去看看世面，我希望你的生活能和父母不同，能摆脱从前的贫穷而有所成就。'听了父亲的话，我心想：'有成就？怎么可能呢？我这么长时间不过一直就是穷黑人的儿子。'"

"尽管如此，我依然听从父亲的安排，随他一起去参观了大画家梵·高的故居。在这间狭小、几乎空空如也的屋子里，我看见了一张小木床，还有一双裂了口的皮鞋，我很惊讶，这位著名画家的生活居然如此简陋！

第九章　安身为乐
——让自己更幸福的新思维

"我问父亲：'梵·高不是个百万富翁吗？他怎么会住在这种地方？'

"父亲说：'儿子，你错了，梵·高曾经是个穷人，是个比我们还要穷的穷人，他甚至穷得娶不上妻子，可是他却很少抱怨，没有抱怨自己的过去，而是放平心态，善待生活。'

"这段经历让我对以前的看法产生了疑惑，我想：我是否也可以从我过去的碌碌无为中摆脱出来而有所作为呢？梵·高不也是个穷人吗？他为何知道自己只不过是昨日的穷人而非现在、将来的穷人呢？

"第二年，父亲又带着我到了丹麦，我们游走于安徒生的故居内，这里的环境比梵高强不了多少，我更惊讶了，因为在安徒生的童话中，到处都是金碧辉煌的皇宫，我一直以为他也和书中的人物一样，住在皇宫里。

"我向父亲提出了自己的疑问：'爸爸，难道安徒生不是生活在皇宫里吗？'父亲看着我意味深长地说："不，孩子，安徒生是个鞋匠的儿子，你喜欢的那些童话就是他在这栋阁楼里写出来的。'

"直到这时，我才终于明白，父亲为什么会带我参观梵·高和安徒生的故居？其实他想告诉我：不要一直抱怨，更不要在乎过去所过的生活如何贫穷，应该放平自己的心态，尽管我们是穷人，身份很卑微，但这丝毫不影响我们往后成为一个有出息的人。"

从过去的失败和胜利中学习是重要的，但不要沉浸在其中，更不要选择去抱怨什么，不要让过去的经历分散你现在的精力。偶尔回忆一下是可以的，但不要驻留在回忆中。

可能一般人遇到这种情况，早已走人了，甚至还会去对别人抱怨，说自己遇到了一个多么不可理喻的老板。

抱怨之后纵然能够消除你一时的怒气，但是这并不能够解决问题，更不可能让你成为最后的赢家。我们可以想象，如果陆宇这么做的话，那么他的这份工作肯定就泡汤了。相反，他聪明地选择了不抱怨，也没有和老板对着干，而是来了一个随机应变，迎合了老板的观点，最终让自己得到了这份工作。

所以，当我们遇到一些不如意的事情时，不要总是无休止地抱怨，我们为什么不把抱怨的时间和精力用来好好反思和改变一下自己的心态呢！

俗话说："心态决定行动。"如果我们有一个好的心态，那么才有可能获得一个好的结果。

当然，有的时候当我们面对别人的刁难，例如你的上司故意和你过不去，你这个时候可以讨厌他，而且也不必去讨好他，但是你一定要清楚，不能让他制造的麻烦转变成你的烦恼。

无论你因为这件事情多么愤怒，他也不会可怜你，反而还会幸灾乐祸。如果因为他的过错而让我们自己陷入无尽的烦闷和悲伤之中，那么我们真的是太傻了。

思维小练习

相遇时是星期几

甲、乙、丙三个好友都经常去图书馆借书，三个好朋友每人隔不同的天数到图书馆借一次书。甲 3 天去一次，乙 4 天去一次，丙 5 天去一次，上个星期三个人在星期二在图书馆相遇。

那么，还要过多少天三个人才能又在图书馆相遇呢？相遇时又会是星期几呢？

答案：三个人至少 60 天才能再次相遇，相遇时是星期六。

第九章 安身为乐
——让自己更幸福的新思维

不要成天为了小事情而烦恼

著名的心灵导师戴尔·卡耐基认为，**许多人都有为小事斤斤计较的毛病**。人活在这个世界上充其量也就是短短的几十年时间，可是我们却还会浪费掉很多宝贵的时间，去愁一些早就应该被我们忘记的小事。

在1945年3月，罗勒·摩尔和其他87位军人在贝雅·SS318号潜艇上，当时他们的雷达发现了一支日本舰队正朝着他们驶来，于是他们决定向其中的一艘驱逐舰发射了三枚鱼雷，可是都没有击中。

但是幸运的是，日本的这艘舰居然也没有发现他们。可是当罗勒·摩尔他们准备去攻击另一艘舰船的时候，它突然掉头向罗勒·摩尔的潜艇开来。

而罗勒·摩尔立刻决定将潜艇下潜到150英尺深的地方，以免被日方探测到，同时也做好了应付日军深水炸弹的准备。

当时罗勒·摩尔他们在所有的船盖上都多加了几层栓子，同时为了能够保持绝对的安静，他们关闭了潜艇内的所有电扇、冷却系统和发动机。

在3分钟之后，突然天崩地裂。6枚深水炸弹就在潜艇四周爆炸了，爆炸的冲击波把他们直推往更深处276英尺的地方，这可把罗勒·摩尔他们吓坏了。因为通常，如果深水炸弹在17英尺之内爆炸的话，差不多就意味着在劫难逃。

可是当时日本的那艘布雷舰不停地往下扔深水炸弹，攻击持续了15个小时，其中有十几个炸弹就在离罗勒·摩尔他们50英尺的地方爆炸。

当时罗勒·摩尔吓得几乎不敢呼吸，因为他想："这回完蛋了。"特别是在电扇和空调系统关闭之后，潜艇的温度立刻升到近40℃，但是罗勒·摩尔却全身发冷，穿上毛衣和夹克衫之后身体还在发抖，牙齿打颤。

在15个小时的攻击之后，日本的那艘布雷舰用光了炸弹离开了。而这15小时的持续攻击，对于罗勒·摩尔来说，就好像是过了1500年。在这15个小时当中，他过去的生活都一一浮现在自己的眼前，而罗勒·摩尔想到了自己以前所干的一些坏事，所有他曾经担心过的一些毫无意义的小事。

其实，早在罗勒·摩尔加入海军之前，他是一名银行职员，当时他因为工作时间长、薪水太少、没有多少机会获得升迁而发愁、恼怒；他也为自己没有办法买到房子，没有钱买一部汽车而忧虑。罗勒·摩尔一直以来都非常讨厌自己的老板，因为老板总是会给他找麻烦。

多年以前的那些令人发愁的事情在罗勒·摩尔看来都是大事，可是当罗勒·摩尔受到深水炸弹威胁，自己命悬一线的时候，那些事情又变得是多么的荒唐和渺小。

也就是在经历了15个小时的危机之后，罗勒·摩尔向自己发誓，如果他还有机会见到太阳和星星的话，就永远不会再忧虑。后来，罗勒·摩尔说："我在潜艇里那可怕的15个小时里所学到的，比他在大学读了四年书所学到的要多得多。"

针对很多人总是有喜欢自寻烦恼的习惯，卡耐基曾经给出了一些非常富有哲理的法则，例如："对必然的事轻快地承受，就像杨柳承受风雨，水接受一切容器一样。""如果我们以生活来支付烦恼的代价，支付得太多的话，我们就是傻瓜。""**生命太短暂，不要再为小事烦恼。**""当我们害怕被闪电击倒，怕所坐的火车翻车时，想一想发生的概率，

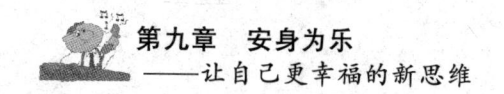

第九章 安身为乐
——让自己更幸福的新思维

会把我们笑死;要懂得闲暇时抓紧,繁忙时偷闲。""当你开始为那些已经过去的事烦恼的时候,你应该想到这个谚语:不要为打翻了的牛奶而哭泣。"

确实,人的生命太短暂了,特别是当一个人步入30岁之后,那种早晨刚睁开眼,转瞬间已经近黄昏的变化真的会让人产生一种恐惧感。所以说,我们何必要为一些事情而烦恼呢,为什么不多去放眼欣赏和感受那些美好的景色呢?

思维小练习

种地瓜

从前有一个地主,他雇了两个人给他种地瓜。两人中一人擅长耕地,但不擅长种地瓜,另一人恰恰相反,擅长种地瓜,但不擅长耕地。地主让他们种20亩的地瓜,让他俩各包一半,于是工人甲从北边开始耕地,工人乙从南边开始耕地。甲耕一亩地需要40分钟,乙却得用1小时20分钟,但乙种地瓜的速度比甲快3倍。种完地瓜后地主根据他们的工作量给了他们20两银子。问两人如何分这20两银子才算公平?

答:很多人看到此题都会立刻下笔运算,但仔细审题你会发现地主是让他俩各包一半,当然工作量就是一人一半,工钱是与工作量有关的,这与他们的工作速度并无关系,工钱自然均分,所以一人10两银子。

一时怒火,会毁掉你的全部生活

在人际交往中,能够忍让,并且宽容对待他人的人是有力量的,更是有雄才大略的。在中国,"忍"和"容"可以说是很多成功人士的人生哲学。

忍和容，是医治磨难的良方。忍人一时之疑，一方面可以让自己脱离被动局面，同时也是对自己意志、毅力的磨炼，能够为日后的发奋图强、励精图治、事业成功奠定良好的基础；而容难容之人，才更显一个人宽阔的胸襟。

通常情况下，在交往过程中如果交往双方出现矛盾，那么双方可能都存在责任，但是作为当事人更应该主动地"礼让三分"，首先从自己身上找原因。

忍让和宽容，实际上就是让时间和事实来"表白"自己。在人与人交往过程中的忍让的态度可以让很多事情得到"冷处理"，也可以摆脱双方之间的一些无原则的纠缠和不必要的争吵。说到这里，让我们想起了歌德的"一则笑法"。

有一天，歌德到公园散步，结果迎面走来了一个曾经对他作品提出过尖锐批评的批评家。这位批评家站在歌德面前高声喊道："我从来是不给傻子让路的！"可是歌德却笑着答道："而我正相反！"

歌德一边说，一边满面笑容地让在一旁。

正是由于歌德的幽默才避免了一场无谓的争吵。如果我们每个人都有歌德这样的"一笑"，那么自然可以避免许多没必要的矛盾冲突，也可以消除自己的烦恼。从某种意义上说，忍让既可以让自己摆脱尴尬难堪的局面，为自己找到一个台阶下，而且又显示出自己的心胸和气量。

我们的现实生活本来也不是完全理性的，其中自然充斥着很多无奈。所以，我们更应该学会忍让和宽容。

而学会忍让与宽容这一件看似非常容易的事情，却有着很大的神奇力量，它能够化解你生活中各种烦恼，让你充满信心。同时，也会让别人由衷敬佩你的为人与胸怀。

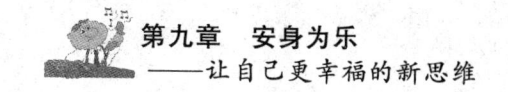

第九章 安身为乐
——让自己更幸福的新思维

在马尔辛利刚刚就任总统的时候,他指定一个人做税务部长,结果当时有许多政客反对,他们派遣代表前往总统府质问马尔辛利,并且要求马尔辛利说明委任此人的原因。

当时为首的是一位身材矮小的国会议员,他脾气非常暴躁,说话粗声粗气,开口就把马尔辛利总统大骂了一番。

可是马尔辛利却一声不吭,任凭他声嘶力竭地大骂,最后才极和气地说:"你讲完了,怒气该可以平息了吧!虽然按照规定,你是没有权利这样责问我的,不过我还是非常愿意详细地给你进行解释。"

就是这几句话,让那位议员羞愧万分,但马尔辛利总统不等他表示歉意,就和颜悦色地对他说:"当然,这也不能怪你,因为我想任何不明真相的人都会和你一样,非常生气。"接着,马尔辛利便把理由一一解释清楚。

很显然,不等马尔辛利进行解释,那位议员已经被马尔辛利折服了。他心里很是懊悔,不应该用那么恶劣的态度来责备总统。

所以后来,当他回去向同伴们进行汇报的时候,只是简单地说:"我记不清总统的全部解释,但有一点可以报告,那就是马尔辛利总统是对的。"

能够做到忍让与宽容不仅需要我们有大的"海量",更需要的是一种修养体现的智慧。在现实生活中,实际上只有那些胸襟开阔的人才能够非常自然地运用忍让与宽容的智慧。

人与人之间的良好关系其实就是建立在忍让与宽容的基础之上的。俗话说:"尺有所短,寸有所长。"每个人都是存在缺点与不足的,如果不能够宽容对待他人的弱点和缺点,那么人与人之间就无法正常地交往。"**水至清则无鱼;人至察则无徒。**"我们多一点忍让与宽容并不会失去什么,相反,却能够得到人心。

思维小练习

排队猜帽子颜色

有10个人站成一队,每个人头上都戴着一顶帽子,帽子有3顶花的,4顶黑的,5顶白的。每个人不能看到自己的帽子,只能看到前面人的,最后一个人能够看到前面9个人的帽子颜色,倒数第二个人能够看到前面8个人的帽子颜色,以此类推,第一个人什么也看不到。

现在从最后面的那个人开始,问他是不是知道自己所戴帽子的颜色,如果他回答不知道,就继续问前面的人。如果后面的9个人都不知道,那么最前面的人知道自己颜色的帽子吗?为什么?

答案:最后一个人不知道自己所戴帽子的颜色,那么他的帽子和剩下的两顶帽子属于两种以上的颜色,通过排除,知道他的帽子和剩下的两顶帽子分属于三种颜色,第九个人不能判断自己所戴帽子的颜色,也是如此,以此类推,第一个人就能知道自己帽子的颜色为白色。

给自己一个心灵的滑翔伞

很多人都说快乐是情感上的享受,但是我们想要得到这个享受却要用理智进行不懈的追求。

快乐也是有成本的,我们想要得到快乐,就必须先要磨炼自己的耐性,从而付出艰苦的努力和等待。我们只有先播下种子,用心去慢慢浇灌,用不追求收获的理智的心态去等待快乐果实的成熟。

我们要想品尝到成功的快乐,就必须先付出自己的勤劳和努力;想要品尝到交朋友的快乐,当然首先就必须要克服自己的自私和自利;当

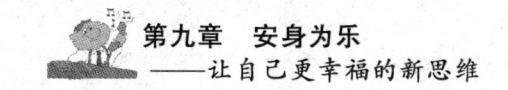

第九章　安身为乐
——让自己更幸福的新思维

我们想要品尝恋爱的快乐，就必须先要学会怎么样来不滥用自己的爱情。总之，**一切快乐都是要付出耕耘的，只有耕耘才会有收获。**

无论你从事什么样的工作，首先都是要把成败得失的念头抛开，把自己从事的工作当成是在做一件精美的艺术品来看待，这样才能够满足自己的理想和情趣。这样也才能够让自己的眼界更加地开阔，做到胸襟豁达，从而使自己的心情变得愉快，那么成功的可能性就大大增加了。而当你心中有了一个广扩的世界，那么你对眼前生活圈子里狭小的恩怨，自然也就不会去斤斤计较了。

每个人都是有抱负的，但是很多人往往都忽略了积少成多的道理，整天就想着一鸣惊人，而不去做埋头耕耘的工作。可是等到忽然有一天，那些看起来比他起步晚，比他天资差的人，可能都已经有了非常可观的收获，那么这个时候他才可能会意识到自己在这个世界上已经一无所有了。也许这时他才会明白，不是老天爷对他不公平，而是他自己一直在等待着收获，却忘记了进行播种。

如果我们对自己心中的愿望不付出努力去实现，多么焦急的等待都是徒劳的。如同爬山，上山时你只能是低着头，认真而努力的向上攀登。当你到达山顶，付出了很多的辛劳和努力之后，登高下望，才可以看见自己已经在不知不觉中克服了很多困难，走过了很多的险路。这一次小小的成功，也将会为你以后达成更大的目标做一个很好的积累。

我们人生的最终目标绝不是转眼之间就能够达到的，当我们在没有付出艰辛的代价之前，我们只遥望着目标发出感叹是无济于事的。我们只有从基础做起，步步为营地朝着自己的目标奋进，才可以慢慢接近它，最后战胜它。

中国有句俗话叫："唯有埋头，才能出头。"一粒种子如果不经历在坚硬泥土中的挣扎和奋斗的过程，那么它永远都会是一个干瘪的种子，根本不会发芽，要想成为一棵苍天大树就更可笑了。

在这个世界上，我们常常会感叹世道的不公，有的时候我们总是觉得自己囊中空空，但是我们好好想一想，如果给你把脑袋"换掉"的话，你是否最终也是会回到原来的样子呢。一个人能够清楚地认识自己是最难的，特别是不仅能够认识自己，还能够清楚地认识到自己以后的发展方向，知道自己应该如何去为了自己的目标去奋斗，这更不容易的。因为我们很多人都把别人的习惯误认为是自己的习惯，把别人的爱好当成自己的爱好，把别人的人生发展方向看成是自己的人生发展方向。

在这个世界上，总是有人能够成功，而有的人却只能与失败为伴。一个人能否成功的关键不仅在于他们应该如何去做，而是在于他们到底做了没有。

成功并不是一种虚荣，它是自己人生价值的体现，是社会为你的价值开出的一张证明书。

有人说，成功的意义是什么？其实成功的意义就在于发挥了自己的所长，尽了自己的努力之后所感到的一种无愧于心的收获之乐，而不单单的是为了虚荣或金钱。成功也并不一定是指大事，每一件小小的工作的完成，都是成功，其实成功并不难。

思维小练习

聪明的劫匪

一群劫匪劫持了一架飞机，准备逃往太平洋上的一座小岛。飞机在飞行的过程中出了点问题，需要减轻一个人的重量才能安全飞行。

于是狡猾的劫匪头目命飞机上所有的 19 名劫匪排成一圈，说："现在我们点名，从 1 数到 7，凡点到第 7 名的人可以留下，然后剩下的人继续点名，直到剩下一个人，那个人必须跳下去。"

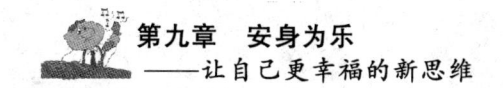

第九章 安身为乐
——让自己更幸福的新思维

有个聪明的劫匪负责点数,他想救其他弟兄而让头目跳下飞机。那么,他该从哪里开始点名呢?

答案:应该从头目后面第 4 个人开始数。先从任意一个人开始点名,直到剩下最后一个人,记下这个人的位置。然后数一下最后剩下的人与劫匪头目的距离,把第一个点名的人向同方向移动这个距离开始数即可,这样最后跳下去的的就是头目。

得意时淡然一些

人的一生,不如意事十之八九,贫与富、贵与贱、荣与辱、得与失都是在所难免,重要的是我们应当学会在生活中寻找一个平衡的支点。在面对生命的大喜大悲或者生死无常的时候,能以一种淡然的心态来对待一切,宠辱不惊,让生活中的一些问题不成问题。

王羲之,东晋时期的著名书法家,出身于名门望族。他的两位伯父是拥立司马睿建立东晋的功臣,当时社会上就流传着"王与马共天下"的说法,王是指当时的宰相王导一族,马当然就指当时的皇帝晋元帝司马睿一族。王导的族兄王敦虽已位极人臣,享尽荣华,但他野心极大,一直觊觎着皇帝的宝座。

因为王羲之聪明、机灵深受王敦疼爱,王敦除了忙于政务之外就是陪王羲之玩。有一次玩得太晚,王敦就让小王羲之住在了他家,那时王羲之才 10 岁。第二天,王敦起床后不久,和他一起策划谋反的谋士钱凤急匆匆地直奔王府大门,来找王敦商议谋反的事。谈到一半,王敦突然神情激动地站了起来,说道:"糟糕,我忘记了床帐里还有个人在睡觉!"这时,王敦才想起王羲之还睡在里面。钱凤冷冰冰地望了王敦一眼："不管谁睡在里面，为了自保，我们别无选择，只有杀人灭口！"早就已被吵醒的王羲之，听到钱凤要王敦杀掉自己时，惶恐万分！

谋权篡位的事情一旦走漏风声，策划者的身家性命就不保了。"唉，我最疼爱的侄儿啊！别怪伯父呀！"王敦做着艰难的决定走向了床帐旁边。当他掀开床帐正要砍下去时，便见小王羲之流着口水，打着鼾睡得正香，王敦爱怜地看着熟睡的小羲之，很庆幸谈话没有被他听到。就这样，王羲之凭着自己的机警和冷静避免了一场灾难。

人生不如意事十之八九。10岁的王羲之能在生死关头，沉着冷静，宠辱不惊是一种勇气更是一种智慧。勇者从容，智者淡定，越是危难的时刻越能显示一个人的心态和智慧。

"但使龙城飞将在，不教胡马度阴山。"这是对西汉时期飞将军李广的写照。李广是中国历史上的一代名将，西汉三朝元老。

李广一生以打硬仗而闻名。汉景帝时，匈奴入侵上郡（今陕西榆林东南鱼河堡），景帝派一名宠信的宦官同李广一起统率军队抗击匈奴。一次宦官带着几十个骑兵出猎，途中遇到3名匈奴骑士，与其交战，结果，匈奴人射杀了所有随从卫士，还射伤了宦官，宦官慌忙逃回报告给李广。李广认定3人是匈奴的射雕手，于是亲率百名骑兵追赶那3名匈奴射雕手。

匈奴射雕手，因为是步行，很快被赶上了，李广亲自射杀了两名匈奴射雕手，生擒一名。刚把俘虏缚上马准备往回走时，匈奴数千骑兵赶来，见到李广的军队，以为是汉军诱敌的疑兵，就立刻上山摆开阵势。李广的100名骑兵，十分害怕，都想掉转马头往回跑，李广就对他们说："我们离大营有数十里地，如果我们这时候往回跑，匈奴会把我们射杀个干净，如果我们照旧前行，他们便会以为我们是诱兵，不敢对我

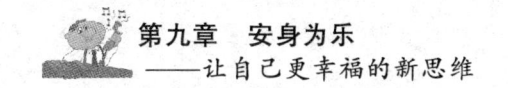

第九章　安身为乐
——让自己更幸福的新思维

们下手。"李广命令所有的骑兵前行，一直走到离匈奴阵地不到二里多路的地方才停了下来。这时他又下令所有的骑兵都下马解鞍，他手下的骑兵说："敌人离我们这么近，为什么要停下来？"李广回答说："我们按兵不动，让敌人坚信我们是诱兵。"匈奴骑兵果真不敢冒险进攻。一名骑白马的匈奴将领这时出阵，李广随即带领十几个士兵骑上马射死了他，然后重回部队，放下马鞍。他命令他的士兵全部放开马匹，卧在地上。

这时天色已晚，匈奴兵始终觉得他们可疑，又不敢前来攻击。到半夜时分，匈奴骑兵以为汉军在附近有伏兵，想乘夜袭击他们，便引兵而去。第二天一早，李广率军回到了部队。李广能够率军全身而退体现了他临危不乱且有急智的大将风度。

淡定与从容是阅尽沧桑的醒悟，了然于胸的坦然。不论是王羲之还是李广，他们都能在危急关头保持冷静，以淡定处事，化险为夷，这是智者的风范。

现实生活中，我们未尝不能如此，面对喧嚣复杂的现代社会我们的内心需要一份淡定，不以物喜、不以己悲，超脱地面对外界环境的纷繁和喧嚣。

思维小练习

摘花瓣游戏

有一个有意思的小游戏，两个人拿着一朵有 13 片花瓣的花，轮流摘去花瓣。一个人一次只可以摘一片或者相邻的两片花瓣，谁摘到最后的那片花瓣谁就是赢家。有一个聪明的小姑娘发现，只要使用一种技巧，就可以在这个游戏中一直获胜。

那么，这个获胜的人是先摘的人还是后摘的人？

答案：如果先摘的人摘一片花瓣，那么，后摘的人就在花瓣的另一边对称的位置摘去两片花瓣；如果先摘的人摘了两片花瓣，那么，后摘的人在花瓣的另一边摘一片花瓣。这时还剩下 10 片花瓣，而且被分为相等的两组，每组 5 片相邻的花瓣。在以后的摘取中，如果先摘的人摘一片，后摘的人也摘一片；如果先摘的人摘两片，后摘的人也摘两片，并且摘的花瓣是另一组中对应的位置。

这样下去，后摘者一定可以摘到最后的那片花瓣。

第十章 取舍皆宜
——生活中看清舍与得的新思维

世上本无事，庸人自扰之

有一句非常经典的话，"**如果你不给自己烦恼，别人也永远不可能给你烦恼。**"

是的，在成功的人看来，**任何烦恼都是自找的**。我们每个人曾经都遇到过烦恼或者你现在正在经历烦恼，事实上这些烦恼都是我们自找的，特别是一个浮躁的人，那么他往往更喜欢自寻烦恼。

其实，我们的人生本来就没有烦恼，或者说原来是没有烦恼的。**如果你不给自己寻找烦恼，那么别人也永远不可能带给你烦恼。**

有一次，白云禅师和方会禅师对面而坐。方会禅师问道："听说你从前的师父灵喻和尚大悟道时说了一首诗，你还能够记得吗？白云禅师答道："记得，记得。那首诗是：我有明珠一颗，久被法牢关锁，一朝法尽光生，照破山河星朵。"在白云禅师的语气当中不免有了几分得意。

而方会禅师一听，大笑了好几声，一言不发地走掉了。结果白云禅师当时就愣住了，不知道方会禅师为什么会如此大笑。

结果这件事情让白云禅师内心非常烦躁，整天都在思索方会禅师的笑，可是他怎么也找不出方会禅师大笑的原因，而当天晚上，白云禅师辗转反侧，居然还失眠了。

第二天一大早，白云禅师实在是忍不住了，就去问方会禅师为什么发笑。这一次，方会禅师笑得更开心了，对着因为失眠而眼眶发黑的白云禅师说道："原来你还不如一个小丑，小丑不怕人笑，你却怕人笑。"白云禅师听完之后豁然开朗。

在很多时候，我们往往会在意别人对我们的评价，别人说话的语

第十章　取舍皆宜
——生活中看清舍与得的新思维

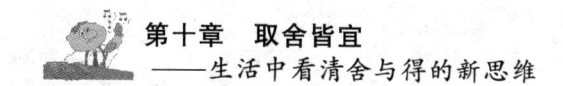

气，甚至是一个眼神，一个手势，都可能会让我们的心乱掉，消灭我们往前迈进的勇气，甚至让我们整天沉迷在愁烦当中不能自拔。

我们应该要学会要求自己，不要总把自己的眼睛盯在别人身上。当你在利益面前、名誉面前的时候，在一切好事坏事、吃苦享乐面前的时候，一定要懂得先检查自己、要求自己，吃亏上当的事自己首先去做，把好的事情让给别人，这其实也就是所谓的修行，如果你能坚持下来，那么久而久之就会变成一种非常自觉的良好行为。

古人云："天下本无事，庸人自扰之"。这就是烦恼。**自找烦恼其实就是我们自己不能够谅解别人的表现。**

在生活当中，有的时候别人一句无意之中说出来的话，可能你听完之后就开始对号入座，自寻烦恼，以为别人是在讽刺、挖苦，其实这就是你自己在跟自己过不去，让烦恼从你心里起来了。

如果一个人不懂得谅解他人，那么这个人应该说也是不能善待自己的，而一个能够善待自己的人，也就一定能够谅解他人。所以，要想减少自己的烦恼，就要能够谅解他人，懂得理解他人。

有这样一句话："不可执著，修行最大的功夫就是'转'，不执著烦恼，自可安然自在！"

烦恼就好像是天空中的一片乌云，如果你的心中是一片晴朗的天空，那么烦恼便不会对你有丝毫的影响。可见，**不自找烦恼，这就是大智慧。**

思维小练习

敲钟的速度

在一个寺院里，每天白云禅师、白水禅师、白空禅师都要敲钟，白云禅师用10秒钟敲了10下钟，白水禅师用20秒敲了20下钟，白空禅师用5秒钟敲了5下钟。这些禅师各人所用的时间是这样计算的：从敲第一下开始到敲最后一下结束。这些禅师的敲钟速度是否相同？如果不同，一次敲 50 下的话，他们谁先敲完。

答：他们的敲钟速度是不同的，应该按敲钟的间隔来算时间，白云禅师用 10 秒钟敲了 9 个间隔，白水禅师用 20 秒敲了 19 个间隔，白空禅师用 5 秒敲了 4 个间隔。所以他们敲钟每个间隔所用的时间分别为：10/9，20/19，5/4 即 1.11，1.053，1.25。所以白水禅师敲钟的速度是最快的，他最先敲完 50 下。

取舍之道乃是无价之宝

我们不要把放弃看成是失败，放弃并不意味着失败。一个懂得放弃的人才会真正的享受生活，才能够体会到生活的真谛。

有一天，有一位大学教授特意向日本的著名禅师南隐问禅。南隐对这位教授非常有礼貌，热心招待，可是怎么也不肯说禅。这时只见南隐将茶水倒进了这位教授的杯子里，而且杯子已经倒满了，可是南隐还没有停下来的意思。

这位大学教授眼睁睁地看着茶水正不停地往杯子外面溢，最后憋不住了，大声地对南隐说："大师，杯子已经满了，不能再倒了。"

南隐抬头看了看大学教授说道："你就像这只杯子，里面装满了你自己的看法，如果你不先把杯子倒空，那么我怎么对你说禅呢？"

在有的时候，如果我们两只手紧紧抓住自己的东西不愿意放手，就很难得到其他的东西。特别是现如今的社会，有些人对于任何事情都不愿意放弃，可是到头来却什么也得不到。

曾经有两个非常要好的人，他们一起去参观动物园。可是动物园非

第十章　取舍皆宜
——生活中看清舍与得的新思维

常大，而他们的时间又是有限的，根本不可能将动物园里面所有的动物都看一遍。

于是他们便定下了一个规定："不走回头路。"每到一个路口，他们就会选择其中的一个方向一直走下去。

结果他们到达的第一个路口在指示牌上面写着，一侧是通往狮虎山，另一侧是通往爬行动物馆。两个人商量了一下，便决定去看狮子和老虎，因为他们认为狮子和老虎是草原上最猛的动物。

当他们看完狮子和老虎之后，又来到了第二个路口，这个路口分别是通往熊猫馆和大象馆的，于是他们选择了熊猫馆，因为熊猫是"国宝"，非常可爱。

他们就这样一边走着，一边选择。而每一次选择，他们都必须放弃一些动物，自然也会感到遗憾。

可是对于他们来说必须当机立断，因为时间是不等人的。如果他们一直犹豫不决，那么他们可能会失去更多看动物的时间。

可见，**只有迅速地做出选择，才能减少遗憾，也能够让自己有更多的收获**，或者可以说至少让自己避免更多的损失。

其实，我们的人生道路也是如此。生活当中，让我们左右为难的情况经常会出现，如我们面对两份同样诱人的工作；遇到两个同样优秀的追求者等。我们为了得到，就必须学会放弃。假如我们过多地权衡，患得患失，那么到头来结果就只能是两手空空，一无所得。

记得曾经有一首歌唱道："原来人生必须要学会放弃，答案不可预期；原来结果最后才能看得清，来来回回何必在意。"

很多人正是因为不懂得放弃而感到痛苦。当我们每一个人有了放弃的智慧时，我们就会豁然开朗，于是，我们每个人的生命就会展现出截然不同的景色。

在面对纷繁复杂的世界和物欲横流的社会，一个懂得放弃的人就会用非常乐观和豁达的心态去对待自己所失去的东西，这种人每天都生活得非常快乐。而不懂得放弃的人，天天只能郁闷地活着，为了自己失去的东西而感到惋惜、痛苦，久久不能释怀，他们不但最后达不到目标，而且美好的生活在他们眼中就成为了折磨。

确实，在有的时候让我们放弃一些东西是非常痛苦的，甚至是无奈的。可是在过去很多年之后，当你再回头来看当初的这段往事的时候，你也许会为自己当初的正确选择而感到骄傲和自豪。

思维小练习

谁跑得最快

丽丽、沙沙、佳佳3个人比赛跑步，已知沙沙比佳佳跑得快，而丽丽比佳佳跑得慢。问：3个人中谁跑得最快？又是怎么样的顺序呢？

答案： 沙沙跑得最快。我们可以这样分析，根据沙沙比佳佳跑得快，我们可得知，沙沙跑在佳佳的前边；根据丽丽比佳佳跑得慢，我们可得知，丽丽跑在佳佳的后边。所以，沙沙、佳佳、丽丽这3个人中，沙沙跑在最前边，佳佳在中间，丽丽在后面。

上进心，千万不能变了味

许多人都有懒惰的毛病，他们为什么总是会懒惰呢？因为他们缺乏勇敢和进取的精神。虽然当这些人看见像哥伦布那样有冒险精神的人时，也会由衷地对其钦佩和喜欢，甚至有的时候还会自己叹息："为什么我就不能这样做呢？"其实，这里面并没有什么深奥的原因，**就是因**

第十章 取舍皆宜
——生活中看清舍与得的新思维

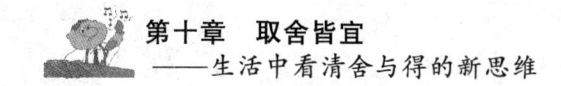

为自己"怕",怕思想、怕行动、怕冒险。

在古代的一个野蛮部落里,存在着一些传说和禁忌。这里有一条河,可是人们是不能去洗澡的;有一个池塘,可是人们是不能去捕鱼的;在某个时间段里,男女之间也是不能谈恋爱的。

没有人知道这些禁忌的来历,也没有人解释他们为什么要这么做,但是他们最后都这样做了。

其实,如果他们在那条河里洗澡,在那个池塘里捕鱼,在那一天谈恋爱,可能会比去别的河里洗澡,别的池塘里捕鱼,别的日子里谈恋爱,来得更方便和顺利,但是可惜的是,这个部落里面没有一个人敢试着这样做。

也许有的时候我们真应该扪心自问,我们活在这个世上,是不是像行尸走肉一样?因为我们连许多力所能及的事情都不去做,对许多可以改正的缺点也不改正,终日糊里糊涂地生活,把自己的才能都消耗在无形之中。

在实际的日常生活中,我们可能经常会听到别人对自己、或是自己对别人说这样的话:"我不适合做这份工作。"这就等于是说:"我懒得做这个工作。"或者是说:"我害怕负担这样的责任,因为我是个胆小的人。"

我们想想,在这个世界上有谁是坐在安乐椅上面能够学会开飞机的?又有谁能够躺在床上而学会游泳呢?

所以我们要想成事,就要克服懒惰,抛弃那些让你因循守旧的习惯,并且排除你头脑中的一些顽固的思想,让自己的眼界开拓,尝试着去过更有意义的生活!

当然,提到进取心就不得不提到虚荣。**我们无法完全消除虚荣,但是可以考虑如何去改善它,诱导它走向对人有用的方向。**

虚荣，我们人类的这个"朋友"可以说是无处不在，无孔不入。虽然今天人类的科学技术正在发生着日新月异的变化，我们不仅有了原子能，有了宇宙飞船，有了互联网。但是，人类的虚荣心也从来没有丝毫的减退，可能还会因为这些变得愈来愈强烈。记得曾经有一位敏感的诗人就发出了这样的慨叹："虚荣！虚荣！世界上的一切都是虚荣！"

如果从这个意义上来看，虚荣确实是一种不可取的东西。

其实，无论是过去还是现在，我们的生活都充满了各种各样的变数和不确定性，我们不能够选择生，也无法选择死，甚至在有的时候还不能选择病痛还是健康。

但是，我们人类能够掌控和把握的东西也不少，我们可以要求自己对别人微笑，让自己成为别人喜欢的人；我们也可以善待别人，同时也可以善待自己；我们也可以努力给自己一份好心情，让生活多一点快乐，少一分烦恼。

总之，我们的积极进取一定要和虚荣分开，千万不能因为虚荣而变了味道。

思维小练习

元代时期的数学题

在我国古代元朝时期，有位大数学家名为朱世杰，他在他著的书中写有这样一道数学题：

良马日行二百四十里，驽马日行一百五十里；

驽马先行一十二日，问良马何日追及之？

题目的大概意思是：好马每天走240里，劣马每天走150里，劣马先走12天，好马几天才可以追上劣马？

答案：好马20天才能追上劣马。

第十章 取舍皆宜
——生活中看清舍与得的新思维

诱惑面前，减少一些欲望

欲望少一点，幸福就多一点是生活的一种自然真实的流露，是一种**洒脱**。当机遇到来的时候我们紧紧地抓住；机遇迟迟不来的时候，我们要淡然，并且不能失去耐心。不管别人是飞黄腾达也好，还是功成名就也罢，自己都不要忌妒和羡慕，即使粗茶淡饭，只要身体健康才是真的好，其实幸福就建立在自己知足的感觉中。

很久以前，有一对清贫的农村老夫妇，有一天他们想把家中唯一值钱的一匹马拉到市场上去换一些更有用的东西。于是老头就牵着这匹马出发了，到了市场上，他先与别人换了一头母牛，又用母牛换来了一只羊，接着又用羊换来了一只鹅，又把鹅与一只母鸡交换了，最后用母鸡换回的仅仅是一袋烂苹果。在每次交换的时候，老头都想能给老伴一个惊喜。

当老头扛着这一袋子烂苹果来到一家酒店中休息的时候，遇上了两个英国人。老头在和英国人的闲聊中告诉了他们自己是如何用一匹马换回这袋烂苹果的。两个英国人听完后都哈哈大笑起来，说这个傻老头，回去一定会被他的老伴骂死的。可是老头却一点也不担心，告诉两个英国人老伴是绝对不会生气的，于是两个英国人用一袋金币作为赌注和老头打赌。

就这样，老头和两个英国人一起往家中走去。当老太婆看见老头回来后非常高兴，她兴奋地听老头讲着自己是如何用一匹马换回一袋烂苹果的。只听见老头子每讲到用一种东西换到另外一种东西的时候，老太婆都会夸老头换得太好了，眼中充满了对老头的钦佩。最后听老头讲到换回来一袋烂苹果的时候，老太婆照样不急不气，还高兴地对老头子说:"我们终于可以吃点苹果馅饼了。"结果两个英国人输掉了一袋金币。

　　这是《安徒生童话》中的一个小故事,故事中的老夫妇两人的生活是多么地快乐。他们不会因为用一匹马换回一袋烂苹果感到不值而生气。

　　其实,**想获得快乐是很简单的,它取决于我们的生活态度**。如果你能够真诚地去对待生活,生活也会真诚地来对待你;如果你盲目地生活,那你的生活最终也将是乱七八糟。

　　从前有一个大富翁,因为他太有钱了,所以什么东西都是要求最好的。有一天,他的喉咙发炎了,这其实只是一个小的不能再小的病了,任何一位医生都可以治好这样的病。可是由于这位富人永远都要求最好的,他决定要找到一位最好的医生来治他的病。

　　于是这位富翁就开始带着他的所有财产到全国各地去寻找名医。他一个一个地方地寻找,在每个地方都找到了很多当地的名医,可是他总认为还会有更好的医生,他就继续前行,花费了大量的金钱。

　　直到有一天,他来到了一个偏僻的小村子,他这时候的病情已经非常严重了,由早期的发炎变成了恶性的毒脓感染,再不做手术的话就会有生命危险。可是在小村庄里面却没有一位能够做这种手术的医生。最后,这个腰缠万贯的富翁,居然因为一个小小的嗓子发炎命丧黄泉了。

　　这位富翁的死很可悲,与其说他是因为嗓子发炎死的,还不如说他是因为自己心理上的不知足而死的。他在物质上虽然是富有的,但是在精神上却是异常地空虚。

　　有时候,**我们的生活为什么不快乐,就是因为我们想得到的东西太多,欲望太多**。学会知足,我们就可以用一颗超然的心去面对生活。把我们的欲望变得小一点,我们的生活才更加幸福和快乐。

第十章 取舍皆宜
——生活中看清舍与得的新思维

> **思维小练习**

漆黑的山洞有多长

一列货车车头及车身共 41 节，每节车身及车头长都是 30 米，节与节间隔为 1.5 米，这列货车以每分钟 1 千米的速度穿过山洞，恰好用了 2 分钟。

那么，这个山洞有多长？

答案： 解这道题首先要求出货车的全长是多少，通过算式：(30 + 1.5) ×41 - 1.5 = 1290 得知货车全长为 1290 米。然后求出山洞的长度为：1×2 = 2 千米 = 2000 米，2000 - 1290 = 710 米，最后求得山洞长为 710 米。

拿得起，更要放得下

一些传统的价值观念总是告诉我们，在任何时候都不应该放弃，因为坚持就是胜利。这么说其实也没有错，但是它有一个前提，那就是我们所坚持的是值得我们坚持的，而不是任何事情都必须坚持。**拿得起，放得下，这才是人生最为明智的选择。**

该坚持的要坚持，该放弃的要放弃。我们每个人的人生就好像是一场选择，而你选择的是否正确将会决定你人生的成败。在很多时候，我们要学会进行重新选择，即使你现在所做的事情对于你来说已非常重要，但是我们还是要决定放弃，放弃也意味着是选择。

曾经有一位美国的青年在无意之间发现了一份能将清水变成汽油的广告。这位美国的青年从小就喜欢进行研究，满脑子里都是一些稀奇古怪的想法，而且他自己也渴望有一天能够成为举世瞩目的发明家，让全世界的人都能够用上他所发明的东西。

所以，当年轻人看到水变成汽油的广告的时间，他马上就买来了相关的资料，把自己关在屋子里，再也不接待任何来串门的客人，而且还掐断了家里的电话线，关闭了自己的手机，总之一切与外界能够联系的东西都被他切断了。他现在需要的是绝对的安静，需要的绝对的专心，因为他要进行一项伟大的发明。

这位年轻人夜以继日地进行研究，可以说达到了废寝忘食的地步。每次到了吃饭的时间，都是他的母亲从门缝里把饭塞进来，因为他也不允许自己的母亲进来打扰他的研究。

他经常是把两顿饭合成一顿饭吃，甚至更是把黑夜当做黎明进行着工作。当时他善良的母亲看见自己的儿子变得越来越瘦，最后终于忍不住，在儿子上厕所的时候，趁机溜进了他的卧室，看了他的研究资料。

在此之前，他的母亲还以为自己的儿子研究的是多伟大的发明，原来是研究水如何变成汽油，这是多么的荒唐，简直就是一件不可能的事情。

母亲不想眼巴巴地看着自己的儿子继续进行这么荒唐的事情而无法自拔，于是就劝儿子说："你要做的事情根本不符合自然规律，不要再瞎忙了。"可是她的儿子根本就听不进去，他把头一昂，回答说："只要坚持下去，我相信总会成功的。"

就这样，5年过去了，10年过去了，20年过去了……转眼之间，那位年轻人已经成为了白发苍苍的老人，父母早就去世了，他没有工作，只能依靠政府的救济勉强度日。但是在他的内心却是非常地充实，屡败屡战，屡战屡败。

在生活当中，因为有了太多坚持到底的故事，所以我们也会简单地

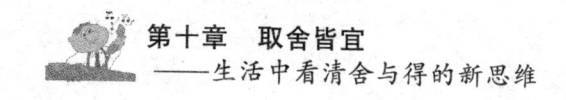

第十章 取舍皆宜
——生活中看清舍与得的新思维

认为坚持就是好的,而放弃则成为了退缩的表现。

其实坚持代表的是一种顽强的毅力,它就好像是不断给汽车提供前进动力的发动机。但是在我们每个人前进的同时还是需要掌握一定的技巧,如果我们的方向不对,那么只会离成功越来越远。如果是这样的情况,我们只有先放弃,等到找准方向之后再重新努力才是明智的选择。

俗话说:"浪子回头金不换,放下屠刀立地成佛。"这些古语其实都在告诉我们,人生是可以进行第二次选择的,**我们只有放弃那些以前的错误,才会有新的正确的开始。**

思维小练习

陶渊明出题

在我国古代有位诗人叫陶渊明,他曾给自己的孩子出过一道题,但孩子没有答出来,下面请大家一起来解这道题吧!

每只公鹅5文钱,每只母鹅3文钱,每3只小鹅1文钱,现在要用100文钱买100只鹅。问:这100只鹅中公鹅、母鹅、小鹅各多少只?

开动脑筋,可不止一种答案哦!

答案:可以买到公鹅4只、母鹅18只、小鹅78只;或者公鹅8只、母鹅11只、小鹅81只;也或者公鹅12只、母鹅4只、小鹅84只。

不必凡事都争个明白

在现实生活中,任何事情都要争个是非,争个明白的做法并不可取,甚至有些时候还会给自己带来不必要的麻烦与烦恼。特别是当你被别人误会,或者是受到别人指责的时候,如果你非要把这件事情解释清楚，非要与对方争个高低，那么结果很有可能是越描越黑，事情也越闹越大。其实，**最好的解决方法就是把自己的心胸放宽一些，没有必要去理会这些小事。**

对于很多上班族来说，办公室里难免人与人之间相处的时候会有摩擦，但是**一个聪明的人总是会理性地处理，根本不会盛气凌人**，也不会与对方非得争个你死我活才肯放手。因为即使最后你赢了，大家对你的看法也会有所改变，觉得你是一个不懂得原谅别人，不给别人留余地的人，那么大家以后也会随时提防着你，于是这样等于你就失去了身边的朋友，成为孤家寡人，而且当初被你损了尊严的同事，很有可能对你记恨在心，这样等于你在无意中又多出了很多敌人。

在2002年的3月份，有一位旅游者在意大利的卡塔尼山发现了一块墓碑，这块墓碑上描述了一位名叫托比的人是怎样被老虎吃掉的事情。

由于当时的卡塔尼山就在柏拉图游历和讲学的城邦——叙拉古郊外，所以一些考古学家认为，这块墓碑很有可能是柏拉图和他的学生们为托比而设立的。

碑文的大概意思是这样的：托比从雅典去叙拉古进行游学，当他经过卡塔尼山的时候，发现了一只老虎。结果在托比进城之后，他说，卡塔尼山上有一只老虎。可是当时城里面没有一个人相信他，因为在卡塔尼山从来就没有人见过老虎。而托比却坚持说见到了老虎，并且还说是一只非常雄壮的老虎。可是不管托比怎么说，就是没人相信他。最后，托比只好对大家说，"那我带你们去看，如果见到了真正的虎，你们总该相信了吧？"

于是，柏拉图的几个学生就和托比一起上山了，可是他们转遍了山上的每一个角落，根本就没有看见老虎，甚至连老虎的一根毫毛都没有发现。

而这个时候托比更是对天发誓，说他确实在这棵树下看见了一只老

第十章　取舍皆宜
——生活中看清舍与得的新思维

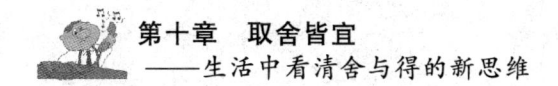

虎。结果与他同去寻找老虎的人说："你的眼睛可能被魔鬼蒙住了，你还是不要说见到老虎了，不然城邦里面的人会说，叙拉古来了一个撒谎的人。"

托比听了这个人的话后非常生气，他回答说："我怎么会是一个撒谎的人呢？我真的见到了一只老虎。"

于是，在接下来的日子里，托比为了证明自己是一个诚实的人，他遇见人便说他没有撒谎，他确实见到了老虎。结果到了最后，人们不仅见了他就躲，而且背后都叫他疯子。

托比当初来叙拉古游学，本来是想成为一位有学问的人，可是现在却被大家认为是一个疯子和撒谎的人，这让他更加难以忍受。

最后，为了证明自己确实见到了老虎，在叙拉古的第10天，托比一个人来到了卡塔尼山。他打算找到那只老虎，并把那只老虎打死，带回叙拉古，让全城的人看看，他真的没有说谎。

可是托比这一去就再也没有回来。等过了3天后，人们在山中发现了一堆破碎的衣服和托比的一只脚。

后来经城邦的法官验证，他是被一只重量至少在五百磅左右的老虎吃掉的。是的，托比在卡塔尼山确实见到过一只老虎，他真的没有撒谎。

其实，这个碑文启示我们，**世界上许多不幸的发生，就是在于我们急于向别人证明自己正确的过程中发生的**。那种急着向别人去证明的人，就等于是在寻找一只能把自己吃掉的老虎。

思维小练习

复杂算式简单解

$5436 \times 5438 - 5435 \times 5439 = ?$ 这个算式看起来很复杂，那么有没有更简单的方法来计算呢？当然有，那你知道是什么办法吗？

215

答案：从头数的前三位数都是相同的，只有个位数是不同的，就从个位上想办法，使其变为简单的算式。

减号前可变为：$5436 \times 5438 = (5435 + 1) \times 5438$

减号后可变为：$5435 \times 5439 = 5435 \times (5438 + 1)$

$5436 \times 5438 - 5435 \times 5439$

$= (5435 + 1) \times 5438 - 5435 \times (5438 + 1)$

$= 5435 \times 5438 + 5438 - 5435 \times 5438 - 5435$

$= 5438 - 5435$

$= 3$

不做钻牛角尖的傻事

记得有这么一则脑筋急转弯：一个人要进一间屋子，可是这间屋子的房门怎么拉也拉不开，为什么呢？答案是：因为房门是要推开的。

其实，在我们的生活中，我们有时候就会犯一些"只知拉门进屋，不知推门进屋"的错误。之所以这样，原因很简单，就是因为我们遇到事情的时候爱钻牛角尖，不懂得变通。

俗话说："变则通，通则久。" 只要我们懂得变通，许多事情就会从"不可能"变为"可能"，甚至也能够从坏事变成好事。

很久以前，有两个欧洲人到非洲去推销皮鞋。但是由于非洲的天气异常炎热，非洲人向来都是打赤脚的。

结果第一个推销员看到非洲人都是打赤脚，根本不穿鞋，于是立刻失望起来，心想："这些人都是打赤脚的，怎么会买我的鞋呢？"他便失望地走了。

第十章　取舍皆宜
——生活中看清舍与得的新思维

而另一个推销员看到非洲人都是打赤脚，不由得惊喜万分："原来这些人都没有皮鞋穿，看来在这里皮鞋市场大得很啊！"于是，他就想尽各种办法引导非洲人购买他的皮鞋，最后他成为了富翁。

第一个推销员不懂得变通，一味地让自己钻进了牛角尖，总以为牛不喝水，便不能强按头。而第二个推销员则不同，他只是稍微变通了一下。

关于皮鞋的由来，据说还有这样一个典故：

在很早的时候，人们都没有鞋子穿。当人们走在路上，就必须忍受碎石硌脚的痛苦。结果某一个国家的一位太监，他把国王的所有房间全铺上了牛皮，当国王踏在牛皮上时，自然就感觉双脚非常的舒服。

于是，国王下令在全国各地的马路上都必须铺上牛皮，这样无论国王走到哪里，都不会感到脚不舒服。

而这个时候，有一个大臣建议：根本不需要如此的大费周折，只要用牛皮把国王的脚包起来不就可以了。这样无论国王走到哪里，都会感到舒服。

很显然，故事中的大臣是聪明的，正是他的变通，使舒服与节约两全其美。假如，我们每个人在自己工作、学习之余，都能够学会变通，随时调整好自己的方向和步骤，便会有事半功倍的效果。

章鱼是营养价值极高的海产品，但是捕捉章鱼却并不容易。最后还是聪明的渔民想出了好办法。

据说，一只章鱼的体重可以达到90磅，也就是相当于32公斤。但是，就是这样一个大家伙，它的身体却是非常柔软的，它柔软到几乎可以把自己的身体塞进任何它想进入的地方。由于它没有脊椎，章鱼甚至可以穿过一个银币大小的洞。

而章鱼最喜欢做的事情就是将自己的身体塞进海螺壳里面躲起来，等到鱼虾接近，就咬破它们的头部，注入毒液，使其麻痹而死，然后美餐一顿。虽然它是海洋里面最凶狠和狡猾的生物之一，但是渔民们还是找到了制伏它的办法。

渔民们用绳子把小瓶子串在一起沉入海底，结果章鱼见到了小瓶子就都争先恐后地往里钻，不论瓶子有多么小，有多么窄。就这样，在海洋里最厉害的杀手，却成了瓶子里的囚徒。

生活当中，我们应该学会变通，学会在山穷水尽的时候，转换一下心情，转换一种方法，来一个"柳暗花明又一村"。变通能够让我们少一些烦恼，多一些幸福，遇事不钻牛角尖，更是使我们人舒坦，心舒坦的秘诀。

思维小练习

挑选运动员

要从A、B、C、D、E、F6名运动员中，挑选若干人去参加运动会，但人员具体要求如下：

A、B中至少去一人；

A、D不能一起去；

A、E、F中要派两人去；

B、C都去或都不去；

C、D中去一人；

若D不去，则E也不去；

由此可见，被挑去的人是哪几个？

答案：从A、B中至少去一人，那么可能有的情况：A去B不去，A不去B去或者A、B都去。如果A去B不去，那么，A、D不能一起去，则 D 不能去，同时"B、C 都去或都不去"则不去，C、D 中去一人就不成立。

如果 A 不去 B 去，那么 C 也会去，D 就不会去，E 也就不去，如果 A、E 都不去，那么 A、E、F 中最多只能有一个人 F 去。与题目矛盾。

所以如果 A、B 都去，那么 C 也会去，D 不去，E 也不去，所以 A、E、F 中就是 A 和 F 两个人去。最后去的人是：A、B、C、F。

与人攀比，让自己更加烦恼

在《牛津格言》当中有这样一句话："如果我们仅仅想获得幸福，那很容易实现。但我们希望比别人更幸福，就会感到很难实现，因为我们对于别人的幸福的想象总是超过实际情形。"

现实也的确如此。在生活当中，**有很多人常常感叹自己人生的不幸，但是却对别人的成绩羡慕不已。**

其实，我们每个人都有不同的烦恼，名人也有名人的烦恼。这种扭曲的心理，直接刺激我们产生盲目攀比的心理。

如果一个人希望在社会上确定自己的位置，而且能够做到不断地超越自我，那么**前提就需要选定一个参照物**。但是，我们今天应该提倡的是理性地比较，而不是盲目地攀比。有的时候，我们可以不知足、不满足，但是我们不应该盲目攀比，不然的话，我们就会失去自我的特色，到头来只会让自己更加的烦恼。

在一个星期一的早晨，万方公司的销售经理黄明突然向总经理提出辞职的要求。由于黄明才华非常出众，业绩更是优秀，于是总经理对他进行多方挽留，不但主动提出给他增加薪水，而且还承诺在近期内就会给他晋升职务。结果原本想跳槽的黄明也就打消了辞职的念头，留下来继续为公司服务。

可是这个消息很快就传到了人事部门经理吕风的耳朵里，结果吕风心想："我也是个不可或缺的部门经理，我为什么不学学黄明呢，这样总经理肯定也会给我升职加薪的。"

于是，吕风经过了一番准备之后就走进了总经理办公室，表示自己要辞职。

结果出人意料的是，总经理非常爽快地答应了，而且毫不犹豫地对他说："那好吧！既然你去意已决，我也不好强人所难。希望您能够另谋高就，前程似锦！噢，对了，请你尽快补交一份辞职申请给我。"

原来，吕风在公司的表现一直平平，业绩不佳，唯一的优点就是他比较老实、听话，所以总经理虽然对他早就有意见了，但是一时间还实在找不到让他离职的机会，没有想到这一次他主动送上门来，总经理正好来了个顺水推舟。

故事中的吕风弄巧成拙，不但自己没有像黄明那样得到升职和加薪的优厚待遇，反而连自己原来的职位也丢掉了。

吕风之所以会落得这样的下场，就是因为他的盲目攀比之心。

我们每个人都必须正确掂量自己的分量，给自己一个恰如其分的定位。如果你看不到这一点，只知道一味地与别人进行攀比，那么可能就会让自己产生错觉，从而做出傻事，自己搬起石头砸了自己的脚。

有句俗语说："**人比人，气死人。**"实际上，与人相比、与人竞争这并不是见不得人的事情，这是非常正常的。我们只有看到自己的短处，才有可能尽快弥补，不断进步。而那些因为与别人攀比而徒增烦恼的人，往往就是因为他们自身性格和心理上存在缺陷。

所以，**我们应该学会正视自己，学会自己调节情绪。**有的时候我们

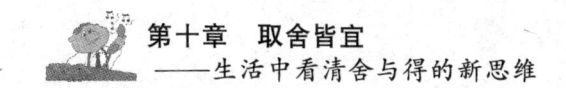

第十章 取舍皆宜
——生活中看清舍与得的新思维

只要退一步想想,你就会发现,生活中的很多事情其实并不需要我们太在意。生活中真正需要我们在意的是如何才能够及早去除我们自身盲目攀比的扭曲心理,让自己的生活更轻松。

思维小练习

两个报童谁送的报纸多

朝朝和阳阳是两个小报童,朝朝负责一边的送报任务,阳阳则负责另一边的送报任务。但是,由于朝朝从不早来送报,所以,阳阳每次都先从朝朝那一边开始替他先送五家报纸,朝朝来了以后便从第六家开始送报。这时阳阳则到马路另一边从头开始他自己的工作。

但尽管阳阳总是早早地送报,但朝朝却总能比阳阳早完成任务,然后,到大街另一边替阳阳送最后九家的报纸。

现在,请问朝朝送报的户数要比阳阳多几户?

答案: 朝朝送报的户数要比阳阳多 8 户。

装装"糊涂"

"糊涂"不仅仅是一种心态,更是一种美德,能够秉持"糊涂"的心态做人做事的人,往往能够自然而妥善地对待世间的人和事,不仅对自己尊重,又能够赢得别人的尊敬,这其实也是糊涂做人的真正要义。

古代有个叫韩琦的人,他曾经和范仲淹一起推行新政,在北宋时期长期担任宰相一职。韩琦在定武统率部队的时候,夜间都需要伏案办公,有一天,有一名侍卫拿着蜡烛为他照明,可是这个侍卫一走神,不

221

小心把蜡烛的火苗烧到了韩琦鬓角的头发,当时韩琦并没有说什么,只是急忙用袖子蹭了蹭,之后又低头写字了。

过了一会儿,当韩琦抬头,却发现原来拿蜡烛的侍卫不见了,面前是一个面生的新侍卫。韩琦怕主管侍卫的长官会鞭打刚才的那个侍卫,于是就赶快把他们召来,当着他们的面说道:"不要替换他,因为他现在已经懂得该如何拿蜡烛了。"

当时军中的将士们在知道这件事情之后,无不感动。按照常理来说,侍卫拿蜡烛照明的时候由于没有全神贯注,把统帅的头发烧了,这本来就是一种失职,而韩琦即使是责备一句也是应该的,即使不责备,被烧到的时候"哎呀"一声也难免。可是韩琦不但忍着疼痛没有吱声,反而最后还担心侍卫会受到鞭打的责罚,极力帮侍卫进行开脱,韩琦这种容忍的做法,比批评和责罚显然更能够让侍卫改正缺点、尽职尽责,而且韩琦统率的是一个大部队,事情虽然很小,但是影响却很大,这件事情在部队里面上上下下一知晓,谁会不对韩琦这样的统帅心生敬意呢?

关于韩琦还有这样一件事情,在韩琦镇守大名府的时候,有人献给他两只刚出土不久的玉杯,这两只玉杯表里是毫无瑕疵,堪称稀世珍宝。

韩琦自然是非常的珍爱,送给献宝人许多的银子。而且每次大宴宾客的时候,总要专设一桌,铺上锦缎,将那两只玉杯放在上面使用。

结果有一次在劝酒的时候,玉杯被一个官吏不小心给碰到地面上,当即摔了个粉碎。在座的官员们都惊呆了,碰坏玉杯的官吏更是吓得脸色惨白,趴在地上请求治罪。

可是韩琦却毫不动容,而且笑着对宾客说:"大凡宝物,是成是毁,都是有一定的时数的,该有时它被献出来了,该坏时谁也保不住。"说完之后又转过脸对趴在地上的官吏说道:"你偶然失手,并不是故意的,

第十章　取舍皆宜
——生活中看清舍与得的新思维

有什么罪呢？"韩琦的这番话说得可谓是非常的精彩！玉杯已经被打碎了，无论是怎么样也不可能复原，而一味地责骂、痛打只能让自己徒然多了一个仇人，而且当时在场的众位宾客也会十分尴尬，好端端的一场聚会肯定会不欢而散，也会大大有损自己的形象。

可是现在韩琦此言一出，立刻就获得了众人的赞叹，而且不小心打碎玉杯的官吏更是对韩琦感激涕零。

韩琦一生虽然多次处于危险之地，而又一直立于不败之地，这到底是为什么呢？正如他自己所说的："**天下的事情，没有完全尽如人意的，一定要用平和的心态去对待。**"如果不是这样，那么恐怕连一天也过不下去。哪怕你现在正和小人在一起，也要以诚相待，只不过当你知道他是小人的时候，就同他少来往。

思维小练习

总裁步行了多长时间？

某公司的办公大楼在市中心，而公司总裁的家在郊区一个小镇的附近。他每次下班以后都要乘坐一次火车回小镇，到达小镇车站后离家还有一段距离。他的私人司机总是在同一时刻从家里开出轿车，去小镇车站接总裁回家，由于火车与轿车都十分准时，因此，火车与轿车每次都是在同一时刻到站。

这天，司机比以往迟了半个小时出发。总裁到站后找不到他的车子，又怕回去晚了被老婆骂，便急匆匆沿着公路步行往家里走，途中遇到了来接他的轿车，立即招手示意停车，跳上车子后也顾不上骂司机，命司机马上掉头往回开。回到家中，果不出所料，他老婆大发雷霆："你比以往足足晚回来22分钟……"

问：总裁步行了多长时间？

答案：总裁步行了 26 分钟。总裁只比平常晚 22 分钟到家，这缩短下来的 8 分钟是总裁在火车站死等的话，是司机本来要花在从现在遇到总裁的地点到火车站再回到这个地点上的时间。

这意味着，如果司机开车从现在遇到总裁的地点赶到火车站，单程所花的时间将为 4 分钟。因此，如果总裁等在火车站，再过 4 分钟，他的轿车也到了。也就是说，他如果在火车站等，那么他也已经等了 30 - 4 = 26 分钟了。

放弃执著，便赢得自在

在我们每个人的人生当中，确实有很多东西是来之不易的，所以我们有的时候不愿意放弃。例如，一个身居高位的人是很难放下自己的身份，忘记自己所获得的成绩，回到一种平淡、朴实的生活中去的，这确实是一件非常困难的事情。但是你也应该明白，在有的时候，你必须放下自己所取得的一切，不然的话，你现在所拥有的东西反而会成为你生命的桎梏。

《茶馆》中常四爷有一句台词："旗人没了，也没有皇粮可以吃了，我卖菜去，有什么了不起的。"他哈哈一笑。可孙二爷呢："我舍不得脱下大褂啊，我脱下大褂谁还会看得起我啊？"于是，他就永远穿着自己的灰大褂，可他就没法生存，他只能永远伴着他那只黄鸟。

在我们的生活当中，**很多人就是舍不得放下自己的所得，这其实是一种视野狭隘的表现**，这种狭隘不仅让我们享受不到"得到"的幸福与快乐，反而还有可能给我们带来杀身之祸。

秦朝的李斯位居丞相之职，可以说是一人之下，万人之上，荣耀一

第十章　取舍皆宜
——生活中看清舍与得的新思维

时，权倾朝野。虽然当时李斯已经达到了权力地位顶峰之时，他也曾经多次回忆起恩师"物忌太盛"的话，希望自己能够回到家乡，去过一种悠闲自得、无忧无虑的生活。

可是后来，由于李斯贪恋权力和富贵，结果还是没有离开官场，最终获得一个被奸臣陷害的结果，不但身首异处，而殃及三族。

李斯直到临死的时候才幡然醒悟，他在临刑前，拉着二儿子的手说："真想带着你哥和你，回一趟上蔡老家，再出城东门，牵着黄犬，逐猎狡兔，可惜，现在太晚了。"

心理学家通过分析发现，**一个人如果能够在适当的时间选择一种短暂的"隐退"，不管这是自愿的还是被迫的，其实对于这个人来说都是一个很好的转机**，因为它能够让你留出时间对自己的所作所为进行观察和反思，让你能够在独处的时候找到一个真正属于自己的内在世界。

尽管人们的掌声能够给你带来满足感，但是对于大多数人来说，当他们在舞台上的时候，是没有办法做到放松的，因为他们当时正处于高度的紧张状态。而当他们自己离开了当主角的舞台之后，才会感受到真正的轻松自在。

也许这个时候他们失去了别人掌声的赞美，但是你应该明白，"隐退"是为了能够进行更深层次的思考，一方面能够挖掘自己的潜力，另一方面让自己重新上路，平衡日后的生活。

著名作家尹萍曾经做过一本杂志的主编，而且也翻译出版了许多知名的畅销书，可是当她在自己40岁，正是事业最巅峰的时候却退了下来，选择了做一个自由人，重新思考自己的人生出路。

后来尹萍说："在其位的时候总觉得什么都不能舍，一旦真的舍了之后，才发现好像什么都可以舍。"

事实上，**全身而退是一种智慧和境界**。有的时候你应该想想，为什么非要得到这一切呢？其实，我们能够活着就是上天给予的最大恩赐，健康就是财富。如果你对自己的人生要求越少，那么你的人生反而会变得越快乐。

对于我们这些普通人来说，能够怀着一颗平常而善良的心，淡泊名利，对他人宽容，对生活不挑剔，不苛求，不怨恨，这等于就是一种人生的大智慧。

放弃是一种美丽，学会放弃更是一种智慧，当我们放下执著，才能获得轻松。在我们的人生道路上，只要你懂得追求，学会放弃，能够懂得得与失的关系，特别是在人生的关键之处做到举重若轻，拿得起，放得下，那么你的人生会是美丽而幸福的。

思维小练习

判断年龄

甲、乙、丙在一起谈论年龄，他们每人都说三句话，每人其中有两句话是真话，一句话是假话。

甲说："我今年才22岁，我比乙还小两岁，我比丙大1岁。"

乙说："我不是年龄最小的，我和丙相差3岁，丙25岁了。"

丙说："我比甲小，乙是25岁了，乙比甲大3岁。"

根据以上三句话请判断他们三人的年龄。

答案：甲23岁，乙25岁，丙22岁。

先从甲年龄想起，若甲22岁，推出乙说的有两句是假话，不合题意。

第十章　取舍皆宜
——生活中看清舍与得的新思维

有的时候，我们应该往下看

在一个人的成长过程中，我们很多人都希望自己能够出人头地、出类拔萃，可是现实中的很多东西并不是我们所能够控制的，为此学会妥协也是一种这种生存的方式。当自己的愿望无法满足的时候，不如妥协一步，学会放弃。可是对于很多人来说，得不到满足是一种遗憾，其实，**一个人如果不能掌握妥协这种生存的本领，也是一种遗憾。**

在加拿大的魁北克有一条南北走向的山谷，这个山谷并没有什么特别之处，但是唯一能够吸引人们注意的就是它的西坡长满松、柏、女贞等树木，可是东坡却只有雪松。

就是这样一种奇怪的现象，让很多人都不能够理解，大家试图找出其中的原因，但是却一直没有得出令人满意的结论，结果最后还是一对夫妇解开了这个谜。

那是1983年的冬天，这对夫妇的婚姻正濒临破裂的边缘，他们为了能够重新找到当初的甜美爱情，于是他们打算做一次浪漫之旅，如果通过这次旅行能够找回当年恋爱的感觉，那么他们将会继续生活下去；如果找不到的话，那么只能友好地分手。

结果，他们来到了这个山谷里面，当时天空正下着鹅毛大雪，他们支起帐篷，望着漫天飞舞的雪花，他们发现由于特殊的风向，东坡的雪总是要比西坡的雪下得大一些，而且也更加密集。就这样没多长时间，雪松上就已经积满了厚厚的一层雪。

可是，当雪积到一定程度的时候，雪松那富有弹性的枝干就会向下弯曲，直到积雪能够从枝干上滑落下去。就是这样反复地积，反复地弯，反复地滑落，雪松依旧完好无损。可其他树木却没有这个本领，最后它们的树枝都被压断了。而西坡由于雪相对于东坡来说小一些，所以就有一些树木活了过来。

于是妻子对丈夫说道："东坡肯定也长过很多这样的树，只是因为它们的枝条不会弯曲，所以最后也就被大雪所摧毁了。"丈夫点头称是。也就是这一刻，两个人好像突然明白了什么一样，相互吻着拥抱在一起。

而丈夫更加兴奋地说："我们终于揭开了一个谜——对于外界的压力我们首先应该去努力承受，在承受不了的时候，学会弯曲，就和这雪松一样，那么我们就能够活下来。"

没错，**弯曲不是倒下和毁灭，它是我们人生的一门艺术**。

退一步海阔天空。**暂时的退却，往往能够使人养精蓄锐，等待时机，再一次重新奋起**，而且这一次将会变得更快、更好、更有力量。

在有的时候，我们不要去刻意追求一些什么，那些不去刻意追求的东西反而更容易得到，如果你追求得太迫切、太执著、太着急了，反而只能给自己增添烦恼和压力。

其实，就社会生活来说，积极奋斗、努力争取、勇敢拼搏、坚持不懈等积极的行为，它们的价值和意义无疑是值得肯定的。但是我们也应该看到，人生的道路并不是一条笔直的大道，当我们面对各种复杂多变的形势时，我们不仅需要有一种慷慨陈词的态度，也需要有一种沉默不语的冷静；既需要穷追猛打的勇敢，也需要退步自守的智慧。说到底就是一句话，有为是必要的，不为也是必要的。

可是，到底什么时候应该有为，什么时候应该不为呢？不为和有为的选择往往是取决于主客双方的力量对比。

当主体力量明显占据优势，居高临下，能够以十当一的时候，特别

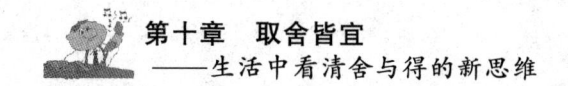

第十章 取舍皆宜
——生活中看清舍与得的新思维

是在采取行动以后，可以取得非常明显效果时，应该是有为的；而当主体的力量处于劣势，如果擅自行动，不仅不能够胜利，反而可能被对方"吃掉"或者是让自己陷入一种被动局面的时候，那么我们便应该明智的选择以退为进，坚守"不为"。

思维小练习

河面有多宽

两艘货轮在同一时刻驶离河的两岸，一艘从A驶往B，另一艘从B开往A，其中一艘开得比另一艘快些，它们在距离较近河岸500千米处相遇。到达预定地点后，每艘货轮要停留15分钟，以便装卸货物，然后它们又返航。这两艘货轮在距离另一岸100千米处重新相遇。

试问：这条河面有多宽？

答案：当两艘货轮相遇时，它们距A岸500千米，此时它们走过的距离总和等于河的宽度。当它们双方抵达对岸时，走过的总长度等于河宽的2倍。

在返航中，它们再次相遇，这时两艘货轮走过的距离之和等于河宽的3倍，所以每一艘货轮现在所走的距离应该等于它们第一次相遇时所走的距离的3倍。

在两船第一次相遇时，有一艘货轮走了500千米，所以当它们相遇时已经走了3倍的距离，也就是1500千米，这个距离比河的宽度多100千米，所以，河的宽度为1400千米。